“十三五”高等职业教育计算机类专业规划教材

SQL Server 2012
数据库项目教程

刘　玥　主　编

贾悦欣　杜向然　张　艳　副主编

施晓琴　参　编

中国铁道出版社有限公司
CHINA RAILWAY PUBLISHING HOUSE CO., LTD.

内 容 简 介

本书以大型数据库管理系统SQL Server 2012为平台，通过一个贯穿全书的实例“天意购物”数据库，详细讲解了SQL Server 2012的安装和配置，数据库的创建与管理，表、视图、索引、T-SQL语言、存储过程和触发器，数据库的备份恢复与导入导出，SQL Server的安全管理等内容。本书共分为绪论和6个项目，内容包括数据库基础知识、“天意购物”数据库设计与实现、“天意购物”数据库中数据表的创建与管理、实现“天意购物”数据库中数据的查询、“天意购物”数据库中视图与索引的使用、程序设计和“天意购物”数据库的安全与保护机制。

本书由浅入深、理论联系实际，在保证教材系统性和科学性的同时，注重实践性和操作性。

本书适合作为高等职业学校数据库技术相关课程的教材，也可供数据库开发人员参考。

图书在版编目（CIP）数据

SQL Server 2012数据库项目教程 / 刘玥主编. —
北京：中国铁道出版社，2016.9（2019.12重印）
“十三五”高等职业教育计算机类专业规划教材
ISBN 978-7-113-22197-3

Ⅰ. ①S… Ⅱ. ①刘… Ⅲ. ①关系数据库系统－高等职业教育－教材 Ⅳ. ①TP311.138

中国版本图书馆CIP数据核字(2016)第190247号

书　　名：SQL Server 2012数据库项目教程
作　　者：刘　玥　主编

策　　划：翟玉峰
责任编辑：翟玉峰　彭立辉
封面设计：付　巍
封面制作：白　雪
责任校对：汤淑梅
责任印制：郭向伟

读者热线：（010）63550836

出版发行：中国铁道出版社有限公司（100054，北京市西城区右安门西街8号）
网　　址：http://www.tdpress.com/51eds/
印　　刷：北京虎彩文化传播有限公司
版　　次：2016年9月第1版　　2019年12月第4次印刷
开　　本：787 mm×1 092 mm　1/16　印张：10.5　字数：250千
印　　数：3 501～4 000册
书　　号：ISBN 978-7-113-22197-3
定　　价：28.00元

前言

FOREWORD

数据库技术是计算机技术领域中发展最快的技术之一，也是应用最广泛的技术之一，它已经成为计算机信息系统的核心技术和重要基础。同时，也是计算机各专业的必修课程。

本书按照高职高专培养高素质应用型人才需求，从实用和够用的原则出发，采用“任务驱动、项目导向”的教学模式进行编写。本书以 Microsoft SQL Server 2012 为数据库管理系统，围绕一个完整的“天意购物”数据库系统，由浅入深、循序渐进地引导学生掌握 Microsoft SQL Server 2012 的使用和管理。

本书共分为绪论和 6 个项目，除了绪论介绍基础知识以外，其余分别为：“天意购物”数据库设计与实现；创建“天意购物”数据库中数据表的创建与管理；实现“天意购物”数据库中数据的查询；“天意购物”数据库中视图与索引的使用；程序设计；“天意购物”数据库的安全与保护机制。

本书特色：

- 基于项目为导向的教学模式，以项目为载体，将数据库的知识、技术与方法融为一体，并提供了一个完整的项目引导学生实践。
- 全书所有的讲解和例题都基于一个完整的工作项目，贯穿全书。
- 图文并茂，条理清晰，注重细节。

本书内容通俗易懂，从教、学、做 3 个层面展开，思路清晰，以具体项目贯穿始末，易于学习，可操作性强，循序渐进且层次分明。本书提供了大量任务，有助于读者理解概念、巩固知识、掌握要点、攻克难点。

本书由天津现代职业技术学院刘玥任主编，天津现代职业技术学院贾悦欣及天津海运职业学院杜向然和张艳任副主编，天津现代职业技术学院施晓琴参与编写。在编写过程中，感谢杨美霞院长、任学雯老师和张莉老师给予的支持和帮助。

由于时间仓促，编者水平有限，书中疏漏与不妥之处在所难免，欢迎任课教师和学生在使用过程当中提出宝贵意见，以便我们修订和完善。

编　者

2016 年 6 月

CONTENTS

目 录

绪　　论

主要内容：

- 数据库基础知识。
- SQL Server 2012 概述。
- SQL Server 2012 安装。

学习目标：

- 理解：数据库的基本概念。
- 了解：数据库技术发展阶段及各阶段的特点。
- 初步了解：SQL Server 2012 的功能及安装过程。

一、数据库基础知识

1. 数据与数据库

数据是描述客观事物及其活动的，并存储在某一种媒体上能够识别的物理符号。每天，每个人都会接触到大量的数据。例如：在网络上购买商品时，人们会接触到商品信息表中记录的每个商品的商品编号、类型、名称、价格等信息，这就是“数据”。

数据库是以一定的组织方式将相关的数据组织在一起并存放在计算机外存储器上（有序的仓库），并能为多个用户共享，可以实现与应用程序彼此独立的一组相关数据的集合。

2. 数据库技术发展

数据库技术最初产生于 20 世纪 60 年代中期，特别是到了 20 世纪 60 年代后期，随着计算机管理数据的规模越来越大，应用越来越广泛。数据库技术也在不断地发展和提高，先后经历了人工管理、文件管理及数据库管理 3 个阶段。关于每个阶段产生的时间和特点以表格形式呈现，如表 0–1 所示。

表 0–1　数据库技术发展阶段及特点

阶　段	时　间	特　点
人工管理阶段	20 世纪 50 年代中期以前	数据与程序不能分开，数据不能共享
文件管理阶段	20 世纪 50 年代后期至 60 年代中后期	数据与程序分开存储，但互相依赖，数据不能共享
数据库管理阶段	20 世纪 60 年代后期开始	数据与程序分开存储，数据可以共享

3. 数据库系统组成

数据库系统（DataBase System，DBS）是指在计算机系统中引入数据库后的系统，一般由数据库、数据库管理系统（及开发软件）、数据库管理员、计算机系统构成。

数据库系统由四部分组成：
- 数据库
- 数据库管理系统
- 数据库管理员
- 计算机系统（硬件系统+相关软件系统）

数据库管理系统（DataBase Management System，DBMS）是一种操纵和管理数据库的大型软件，用于建立、使用和维护数据库。用户和数据库管理员可以通过 DBMS 访问数据库中的数据并进行数据维护。

数据库管理系统通常由以下三部分组成：

① 数据描述语言（Data Description Language，DDL）。为了对数据库中的数据进行存取，必须正确地描述数据以及数据之间的联系，DBMS 根据这些数据定义从物理记录导出全局逻辑记录，从而导出应用程序所需的记录。

② 数据操纵语言（Data Manipulation Language，DML）是 DBMS 中提供应用程序员存储、检索、修改、删除数据库中数据的工具。

③ 数据库例行程序。从程序的角度看，DBMS 是由许多程序组成的一个软件系统，每个程序都有自己的功能，它们互相配合完成 DBMS 的工作，这些程序就是数据库管理例行程序。

4. 数据模型

数据模型是现实世界数据特征的抽象，用于描述一组数据的概念和定义。数据模型是数据库中数据的存储方式，是数据库系统的基础。

（1）层次模型是用树形结构来表示数据之间的联系，如图 0-1 所示。其特点如下：

① 有且仅有一个结点无父结点，这个结点即为树根。

② 其他结点有且仅有一个父结点。

（2）网状模型是用网络结构来表示数据之间的联系，可以表示多对多的联系，如图 0-2 所示。其特点如下：

① 可以有一个以上的结点无父结点。

② 至少有一个子结点有一个以上的父结点。

③ 在两个结点之间有两个或两个以上的联系。

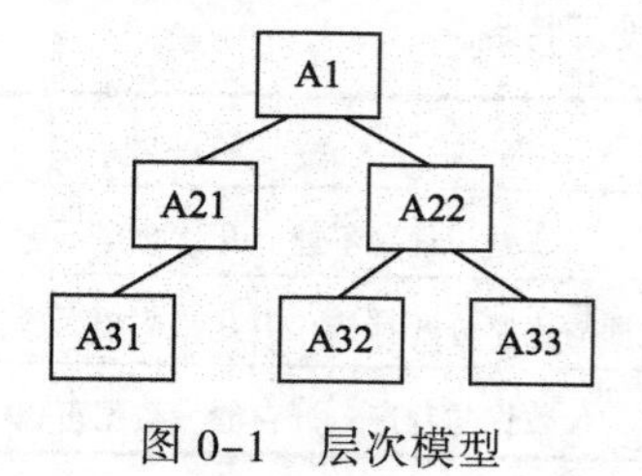

图 0-1　层次模型

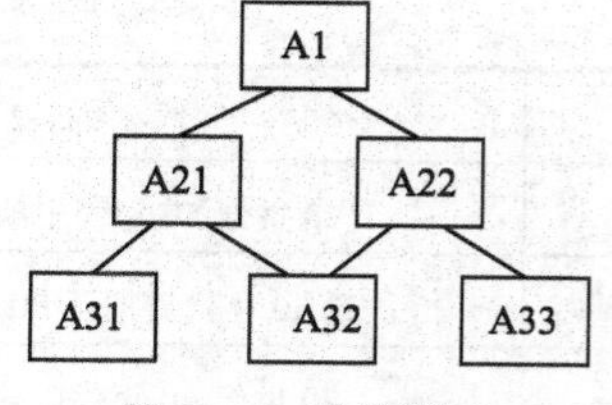

图 0-2　网状模型

（3）关系模型是把数据结构看成一个二维表，每个二维表就是一个关系，关系模型是由若干个二维表格组成的集合，如表 0-2 所示。

表 0-2 关系模型

客户编号	姓　名	密　码	电　话	地　址
100101211	王明	12345678	13101567×××	湖北武汉
301119782	张春花	56789034	17890123×××	天津现代
202000198	李丽	67890123	15107819×××	山西太原
578102356	赵红	23456789	18934567×××	天津海运
212345678	陈晓艳	56712345	13243456×××	上海
678123456	刘彤	34561234	13567123×××	福建厦门

二、SQL Server 2012 概述

1. SQL Server 的发展

SQL Server 是一个关系数据库管理系统。它最初是由 Microsoft、Sybase 和 Ashton-Tate 三家公司共同开发的，于 1988 年推出了第一个 OS/2 版本。在 Windows NT 推出后，Microsoft 与 Sybase 在 SQL Server 的开发上就分道扬镳了，Microsoft 将 SQL Server 移植到 Windows NT 系统上，专注于开发推广 SQL Server 的 Windows NT 版本。Sybase 则较专注于 SQL Server 在 UNIX 操作系统上的应用。1995 年，Microsoft 成功地发布了 Microsoft SQL Server 6.0 系统，这是微软公司完全独立开发和发布的第一个 SQL Server 版本。

1996 年，Microsoft 又发布了 Microsoft SQL Server 6.5 系统。这是 Microsoft 独自发布的功能齐全、性能稳定的 SQL Server 系统，该系统在数据库市场上占据了一席之地，在我国的应用范围也开始逐渐扩大。

1998 年，Microsoft 又成功地推出了 Microsoft SQL Server 7. 0 系统。该系统在数据存储、查询引擎、可伸缩性等性能方面有了巨大的改进。

2000 年，Microsoft 迅速发布了与传统的 SQL Server 系统有重大不同的 Microsoft SQL Server 2000 系统。

2005 年 Microsoft 发布 SQL Server 2005。

2012 年 3 月 7 日 Microsoft 发布了数据库服务器软件 SQL Server 2012 版。

2. SQL Server 2012 的新特点

SQL Server 2012 增加 Power View 数据查找工具和数据质量服务，企业版本则提高安全性、可用性，以及从大数据到 StreamInsight 复杂事件处理，再到新的可视化数据和分析工具等。无论是用于开发，还是学习技术或仅仅想体验微软最新的开发工具，SQL Server 2012 都值得人们去了解并尝试。下面一起学习 SQL Server 2012 的新特点：

（1）通过 AlwaysOn 提供所需的运行时间和数据保护。

（2）通过列存储索引获得突破性和可预测的性能。

（3）通过用于组的新用户定义角色和默认架构，帮助实现安全性和遵从性。

（4）通过列存储索引实现快速数据恢复，以便更深入地了解组织。

（5）通过 SSMS 改进用于 Excel 的 Master Data Services 外接程序和新 Data Quality Services，确保更加可靠、一致的数据。

（6）通过使用 SQL Azure 和 SQL Server 数据工具的数据层应用程序组件（DAC）奇偶校验，优化服务器和云间的 IT 和开发人员工作效率，从而在数据库、BI（商务智能）和云功能间实现统一的开发体验。

三、SQL Server 2012 安装

1. SQL Server 2012 系统要求

操作系统的要求：Windows 7、Windows Server 2008 R2、Windows Server 2008 SP2、Windows Vista SP2。

硬件的要求：

（1）32 位系统最低配置要求：具有 Intel 1GHz 或速度更快的处理器（建议使用 2 GHz 或速度更快的处理器）的计算机。

（2）64 位系统最低配置要求：1.4 GHz 或速度更快的处理器，最低 1 GB RAM（建议使用 2 GB 或更大的 RAM）。

2. SQL Server 2012 的安装

下面以 Windows 7 系统、32 位机为例，介绍 SQL Server 2012 的安装。

（1）打开安装文件夹，如图 0-3 所示。

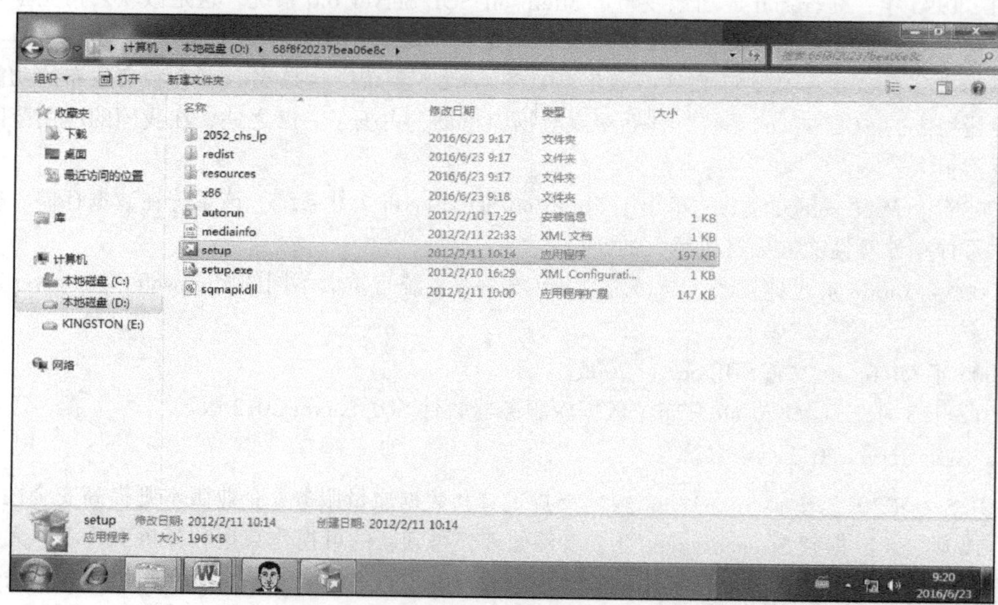

图 0-3 安装文件

（2）双击安装文件 setup.exe，出现 SQL Server 安装中心，如图 0-4 所示。

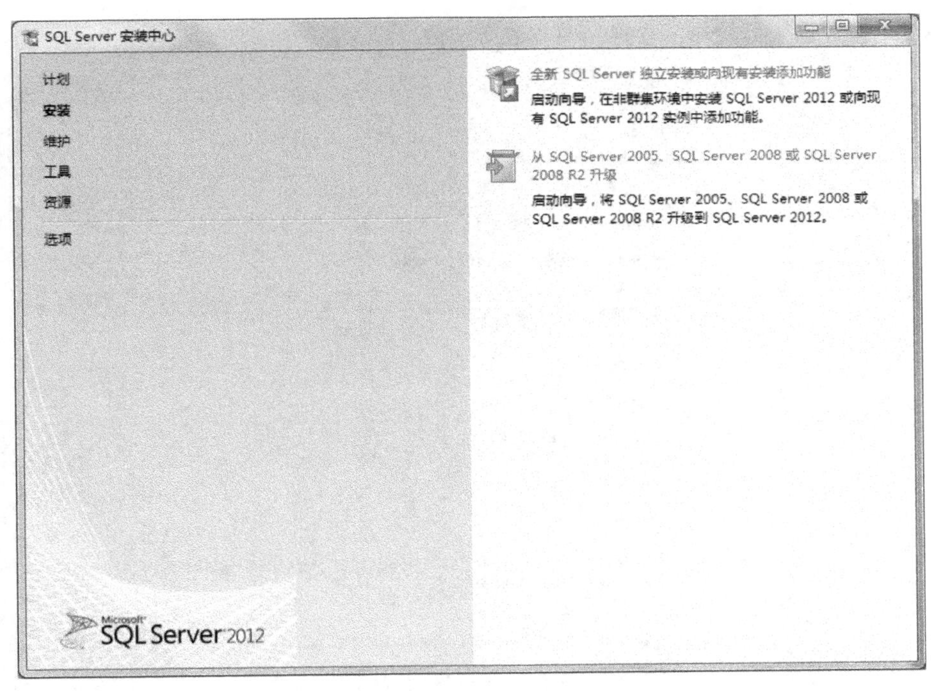

图 0-4　SQL Server 安装中心

（3）在 SQL Server 安装中心窗口单击“安装”→“全新 SQL Server 独立安装或向现有安装添加功能”，出现如图 0-5 所示窗口。

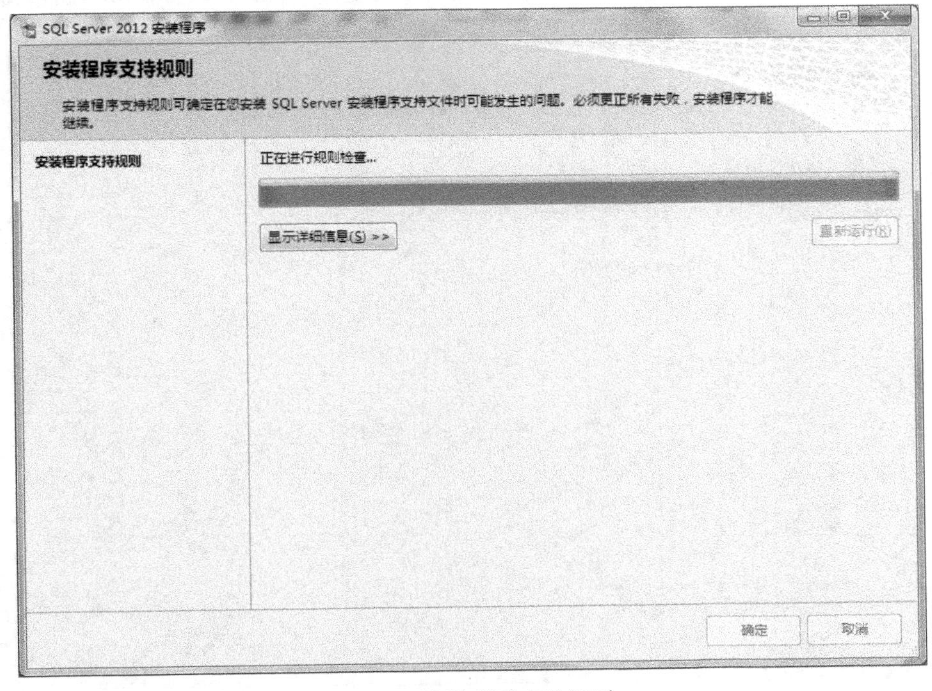

图 0-5　安装程序支持规则

（4）单击“确定”按钮，出现如图 0–6 所示窗口。

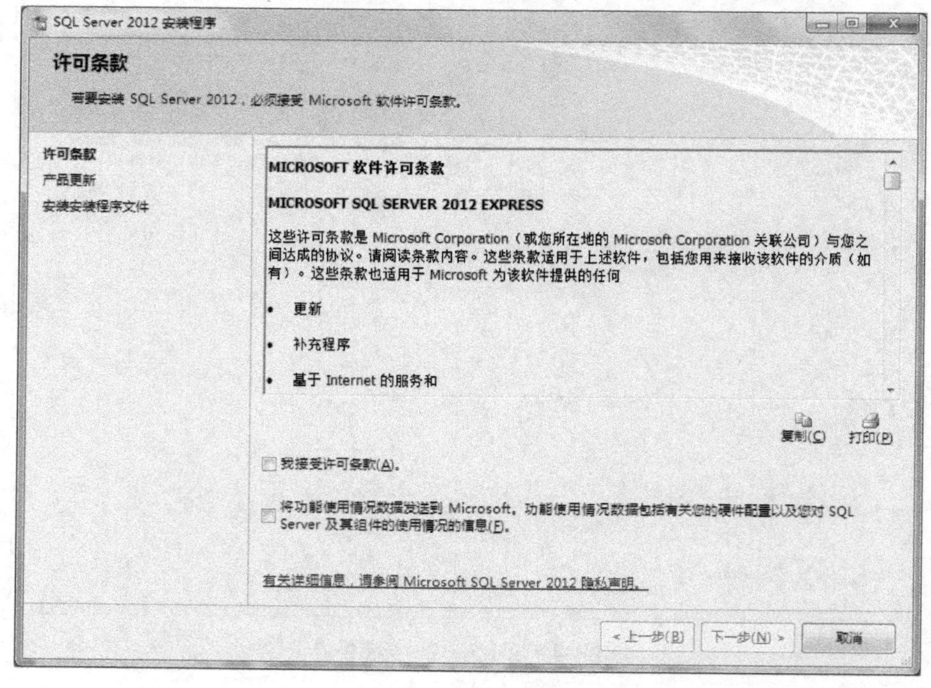

图 0–6　许可条款

（5）选择“我接受许可条款”复选框，单击“下一步”按钮，出现如图 0–7 所示窗口。

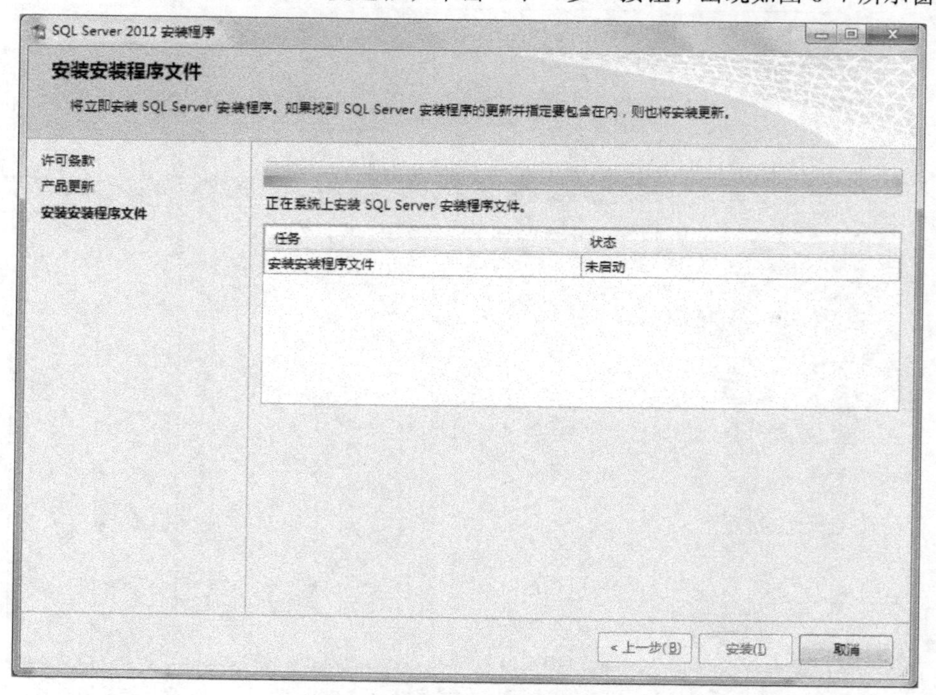

图 0–7　安装安装程序文件

（6）自动进入功能选择窗口，如图 0–8 所示。

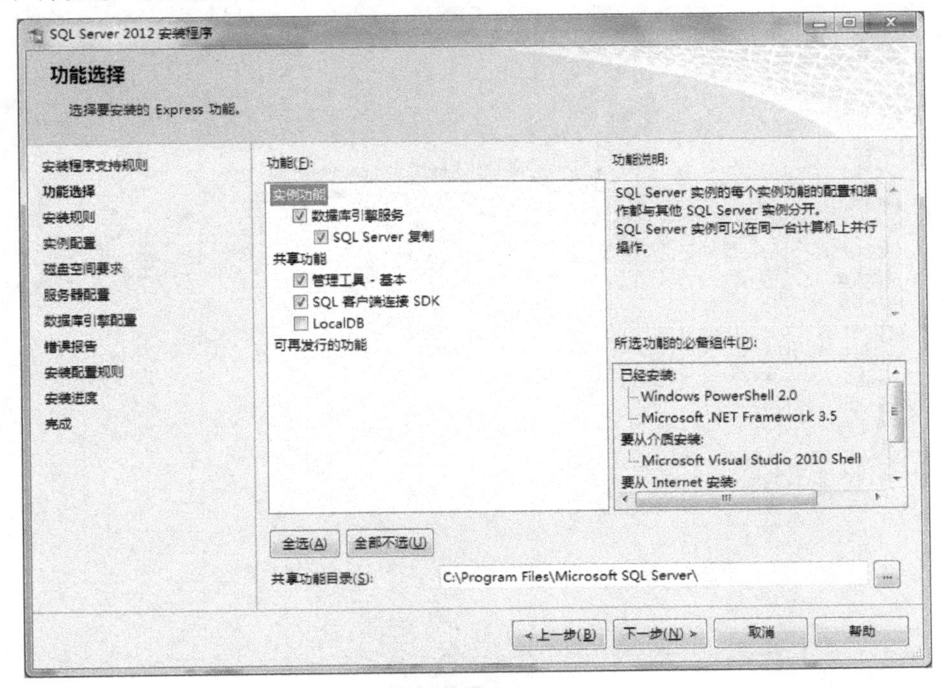

图 0–8　功能选择

（7）在“功能选择”中选择安装的功能选项，单击“下一步”按钮，出现如图 0–9 所示窗口。

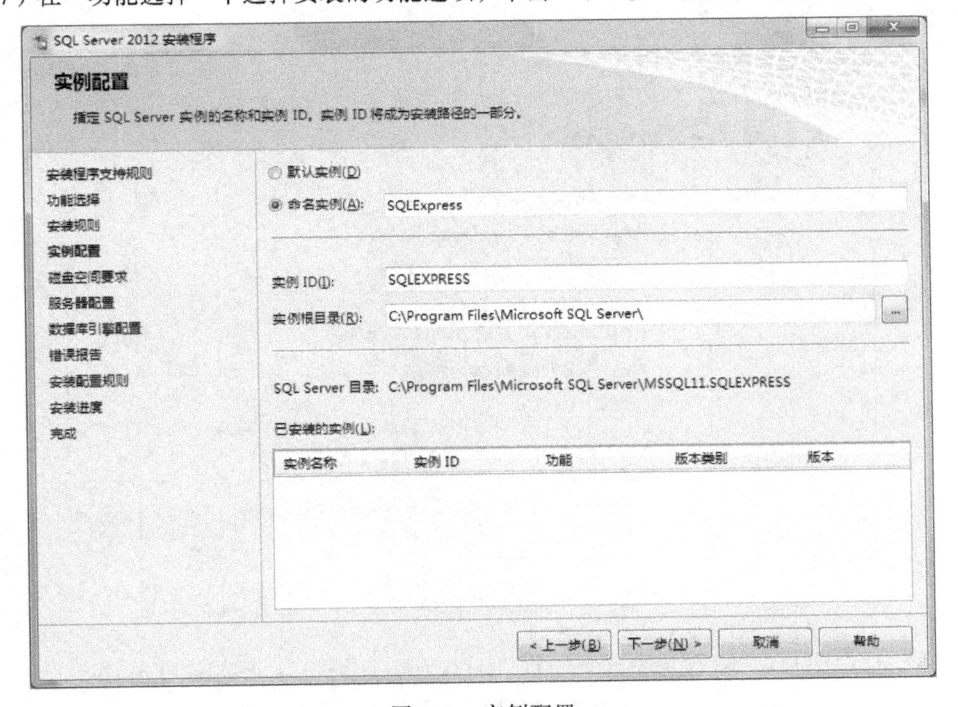

图 0–9　实例配置

（8）单击“下一步”按钮，出现如图 0-10 所示窗口。

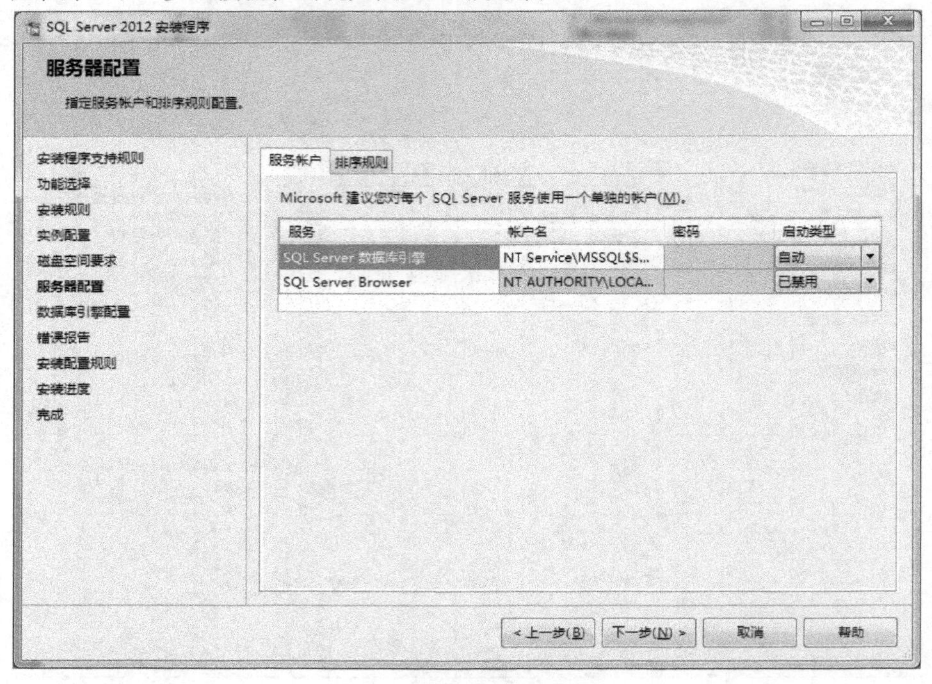

图 0-10　服务器配置

（9）单击“下一步”按钮，进行数据库引擎配置，对身份验证模式进行选择，选中“混合模式”，设置 sa 账户密码，如图 0-11 所示。

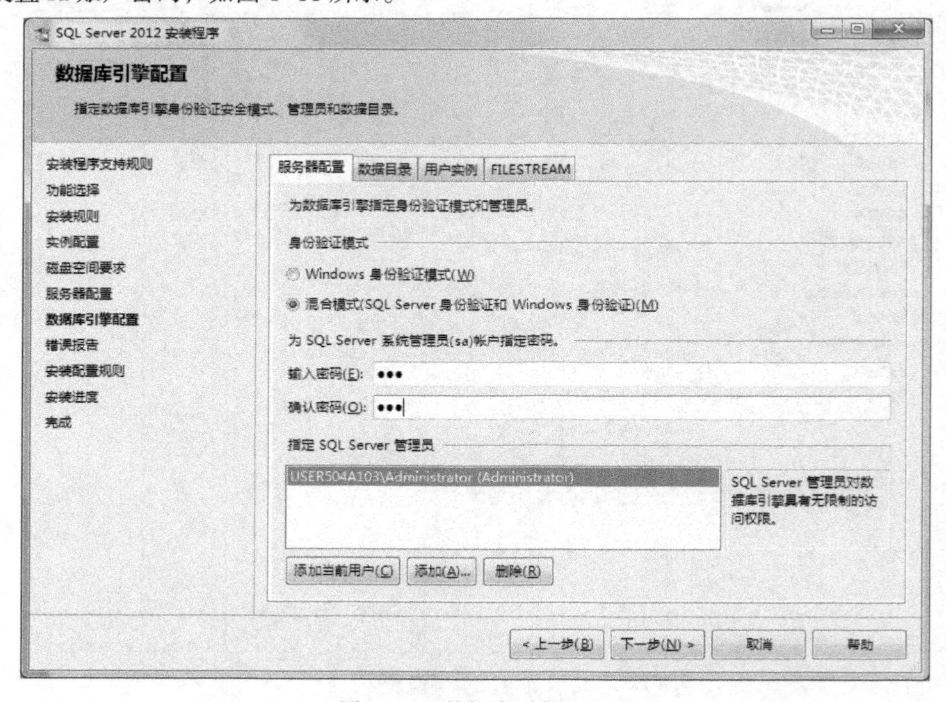

图 0-11　数据库引擎配置

（10）单击“下一步”按钮，出现如图 0-12 所示窗口。

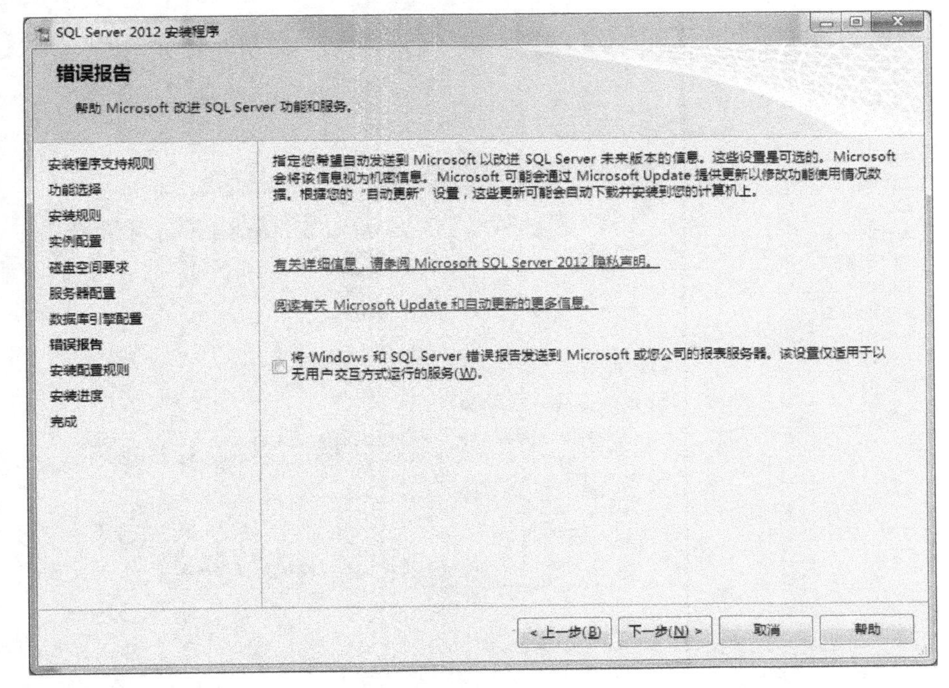

图 0-12　错误报告

（11）单击“下一步”按钮，进入安装进度窗口，如图 0-13 所示。

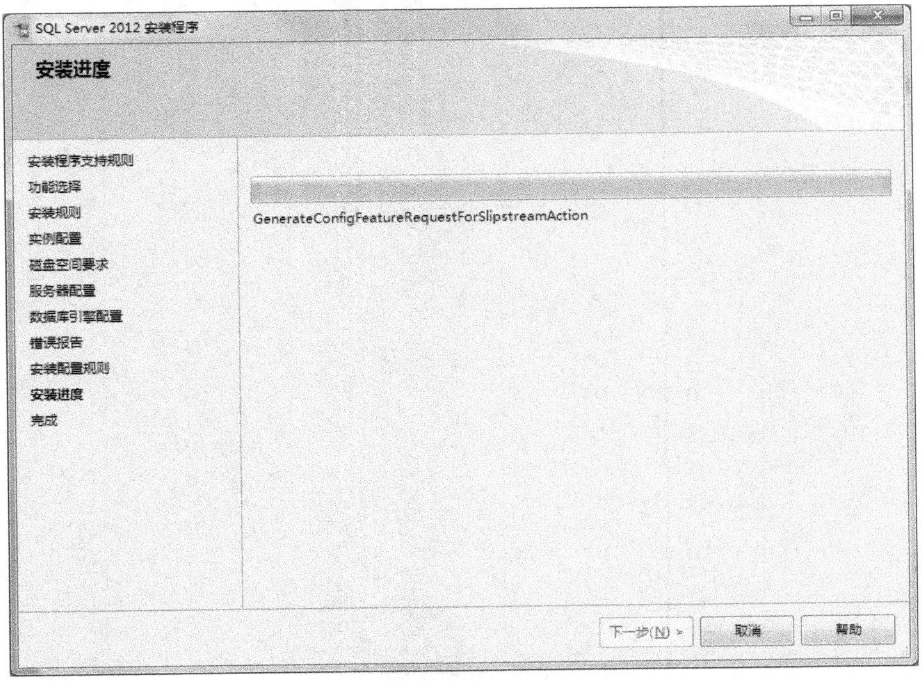

图 0-13　安装进度

（12）直至安装完毕，单击“关闭”按钮即可，如图 0-14 所示。

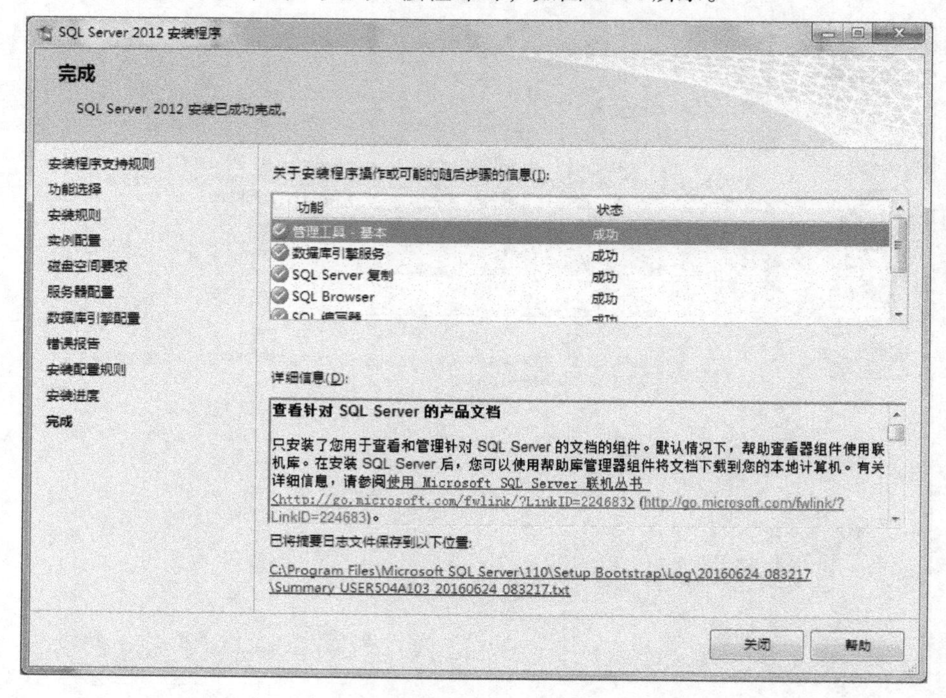

图 0-14　完成

“天意购物”数据库设计与实现

本项目将介绍如何设计数据库，如何创建数据库，如何维护数据库。

项目内容：

- 任务一 数据库的规划设计。
- 任务二 数据库的创建。
- 任务三 数据库的维护。

项目目标：

- 熟练掌握：SQL Server 2012 数据库的创建、修改、删除及数据库的重命名操作。
- 掌握：数据库的设计方法。
- 初步了解：Transact –SQL（简称 T-SQL）语句的基本知识。

任务一 数据库的规划设计

购物是生活中必不可少的环节，目前已经从实体走向了网络。随处可见的购物平台为人们足不出户购物提供了方便。本任务介绍网络购物平台后台数据库的设计思路。

任务描述

要求为网络购物平台设计后台的数据库：“天意购物”数据库。

设计过程

步骤一：经过充分理解和分析客户的购物流程和需求，设计以下数据项和数据结构。

（1）客户信息：{客户编号，姓名，密码，电话，地址}。

（2）商品信息：{商品编号，商品类型，商品名称，商品价格，商品简介}。

（3）订购信息：{客户编号，商品编号，订单编号，订单日期}。

（4）购物车：{客户编号，商品编号，购物车编号，商品数量}。

步骤二：根据各实体的属性和实体之间的关系绘制 E–R 图，如图 1–1 ~ 图 1–4 所示。

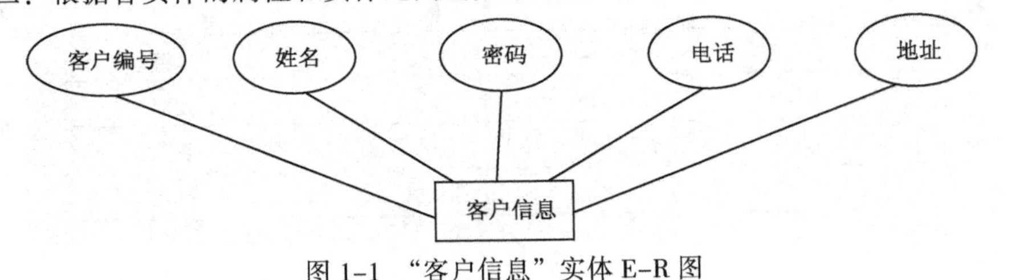

图 1–1 “客户信息”实体 E–R 图

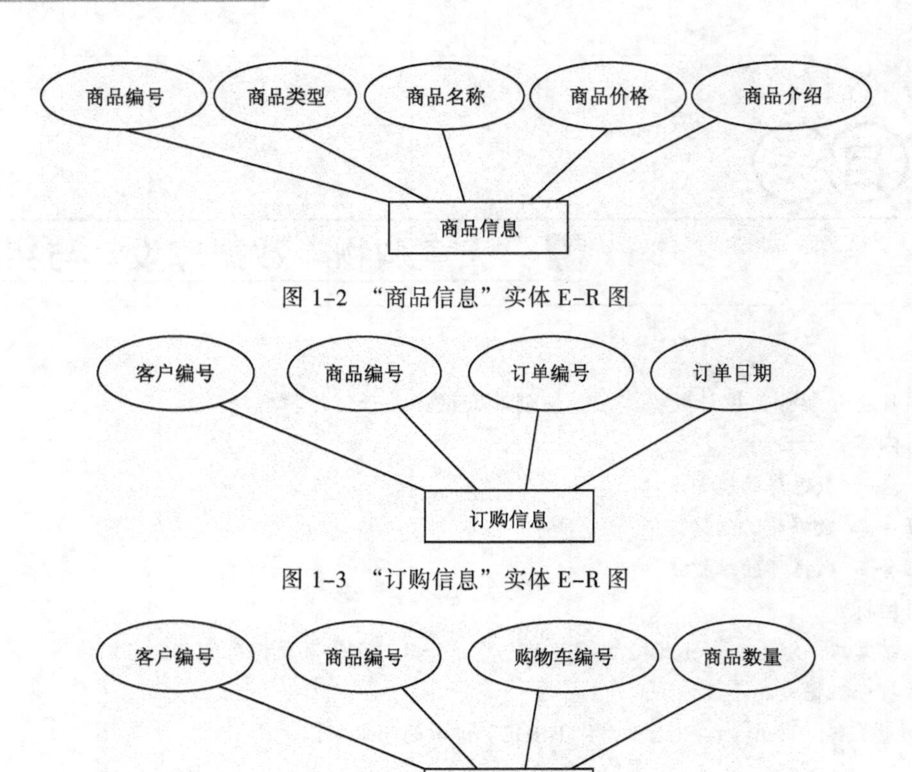

图 1-2 “商品信息”实体 E-R 图

图 1-3 “订购信息”实体 E-R 图

图 1-4 “购物车”实体 E-R 图

步骤三：将概念模型 E-R 图转换为关系模型，即将实体、实体的属性和实体之间的联系转化为关系模式，如表 1-1 ~ 表 1-4 所示。

表 1-1 客户信息 Customers

字 段 名	数 据 类 型	长 度	是 否 为 空	描 述	主 外 键
CustomerID	字符型	9	否	客户编号	主键
Name	字符型	20	否	姓名	
Password	字符型	8	否	密码	
Telephone	字符型	20	否	电话	
Address	字符型	50	否	地址	

表 1-2 商品信息 Products

字 段 名	数 据 类 型	长 度	是 否 为 空	描 述	主 外 键
ProductID	字符型	9	否	商品编号	主键
Type	字符型	15	否	类型	
productName	字符型	50	否	名称	
Price	数值型	10,2	否	价格	

表 1-3 订购信息 Orders

字段名	数据类型	长 度	是否为空	描 述	主外键
CustomerID	字符型	9	否	客户编号	外键
ProductID	字符型	9	否	商品编号	外键
OrderID	字符型	10	否	订单编号	主键
OrderDate	日期型		否	订单日期	
PaidDate	日期型		否	付款日期	

表 1-4 购物车信息 Carts

字段名	数据类型	长 度	是否为空	描 述	主外键
CustomerID	字符型	9	否	客户编号	外键
ProductID	字符型	9	否	商品编号	外键
CartID	字符型	10	否	购物车编号	主键
Quantity	整型		否	商品数量	

知识背景

数据库的设计过程是指根据用户的需求，在数据库管理系统上设计数据库的结构和建立数据库的过程。

一、需求分析

需求分析阶段是天意购物数据库开发的第一个阶段，也是非常重要的一个阶段。这是设计数据库的起点，需求分析的结果是否准确地反映了用户的实际要求，将直接影响后面各个阶段的设计，并影响到设计结果是否合理和实用。在这个阶段，我们进行数据项和数据结构设计，确定“天意购物”数据库系统包括以下需求：

（1）客户信息：{客户编号，姓名，密码，电话，地址}。

（2）商品信息：{商品编号，商品类型，商品名称，商品价格，商品简介}。

（3）订购信息：{客户编号，商品编号，订单编号，订单日期}。

（4）购物车：{客户编号，商品编号，购物车编号，商品数量}。

如果把创建数据库比作是建造一个大厦，那么需求分析可以看作是地基，地基的工作是否充分和准确，决定了其上构建大厦的速度和质量。

二、概念设计

数据库概念模型设计阶段是数据库设计的关键阶段，在这一阶段，主要是以需求分析中所识别的数据项、设计任务和现行系统的管理操作规则与策略为基础，确定网上购物系统中的实体和实体间联系，建立此系统的信息模式，准确描述此系统的信息结构。根据各实体的属性和实体之间的关系绘制 E-R 图（见图 1-1 ~ 图 1-4）。

E-R 方法是“实体-联系方法”（Entity-Relationship Approach）的简称，它是描述现实世界概念结构模型的有效方法。

在 E–R 图中有如下 4 个成分：

（1）矩形框：表示实体，在框中记入实体名。

（2）菱形框：表示联系，在框中记入联系名。

（3）椭圆形框：表示实体或联系的属性，将属性名记入框中。

（4）连线：实体与属性之间；实体与联系之间；联系与属性之间用直线相连，并在直线上标注联系的类型，如图 1–5 所示。

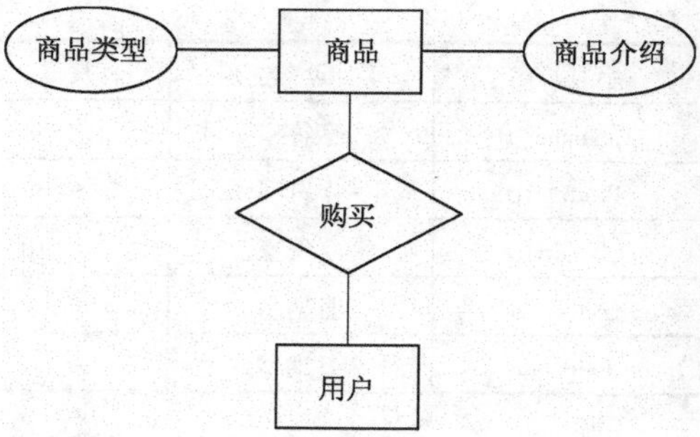

商品类型
商品
商品介绍
购买
用户

图 1–5 商城数据库 E–R 图

三、逻辑设计

设计逻辑结构应该选择最适于描述与表达相应概念结构的数据模型，然后选择最合适的 DBMS。在这部分中将 E–R 图转换为关系模型，即将实体、实体的属性和实体之间的联系转换为关系模式（见表 1–1 ~ 表 1–4）。

四、数据库的实施

数据库的实施主要是根据前面设计的结果产生一个具体数据库，导入数据并进行程序的调试。实施步骤如下：

（1）定义数据库结构。

（2）数据装载。

（3）编制与调试。

五、运行维护

数据库系统的正式运行，标志着数据库设计与应用开发工作的结束和维护阶段的开始。运行和维护阶段的主要任务有 4 项：

（1）维护数据库的安全性与完整性。

（2）监测并改善数据库运行性能。

（3）根据用户要求对数据库现有功能进行扩充。

（4）数据库应用系统经过试运行后即可投入正式运行。

任务二 数据库的创建

在进行详细的数据库设计之后，接下来开始创建数据库。本任务将学习创建数据库的两种方法。

第一种方法：在 SQL Server Management Studio 中使用向导创建数据库。

第二种方法：执行 T–SQL 语句创建数据库。

任务描述

创建一个“天意购物”数据库，参数说明如表 1–5，效果如图 1–6 所示。

表 1-5 “天意购物”数据库参数说明

参　数	参 数 值	参　数	参 数 值
数据库名称	天意购物	事务日志文件逻辑名	天意购物_log
数据文件逻辑名	天意购物_data	日志文件物理名	E:\天意购物_log.ldf
数据文件物理名	E:\天意购物.mdf	日志文件初始大小	3 MB
数据文件初始大小	6 MB	日志文件最大值	10 MB
数据文件最大值	20 MB	日志文件增长值	原来的 10%
数据文件增长值	2 MB		

图 1-6 创建数据库效果图

设计过程

一、方法一

步骤一：选择“开始”→“所有程序”→“Microsoft SQL Server 2012”→SQL Server Management Studio 命令，使用“Windows 身份验证”建立连接，进入 SQL Server Management Studio 窗口（简称 SSMS 窗口）。

步骤二：在“对象资源管理器”窗格中右击“数据库”结点，在弹出的快捷菜单中选择“新建数据库”命令，如图 1-7 所示。

步骤三：打开“新建数据库”窗口（见图 1-8），完成以下操作。

（1）在“数据库名称”文本框中输入数据库的名称：天意购物。

（2）在“数据库文件”列表中：

图 1-7　选择“新建数据库”命令

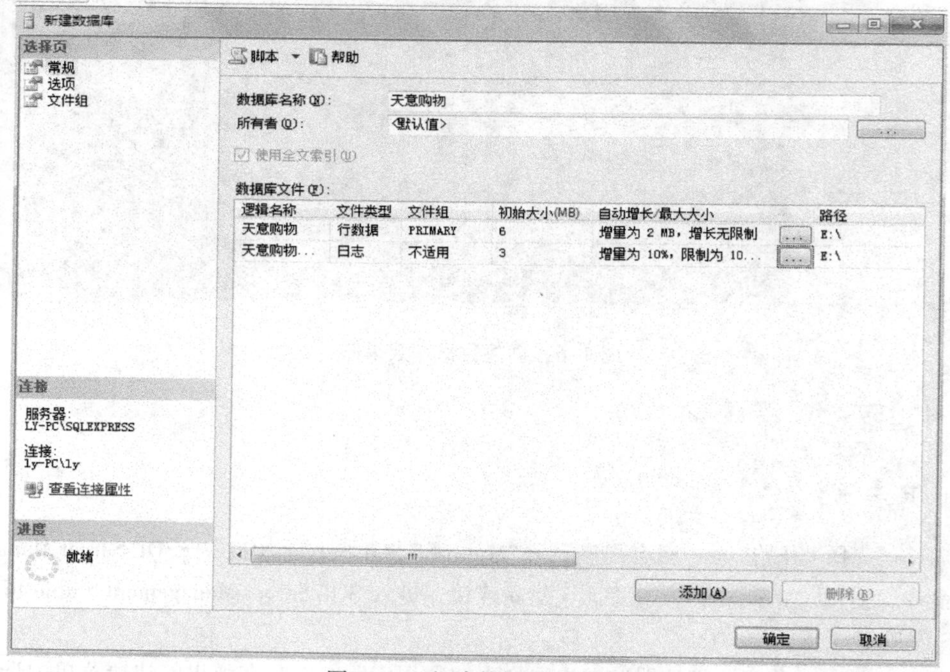

图 1-8　“新建数据库”窗口

- 设置数据文件：“逻辑名称”为“天意购物_data”；“文件类型”为“行数据”；“初始大小”为 6 MB。“自动增长”单击[...]设置为增长为 2 MB，增长无限制；“路径”单击[...]，设置路径为 E:\。
- 设置逻辑文件：“逻辑名称”为“天意购物_log”；“文件类型”为“日志”；“初始大小”为 3 MB；“自动增长”单击[...]设置为增长为 10%，增长为 10 MB；“路径”单击[...]，设置路径为 E:\。

步骤四：单击 “确定”按钮，关闭“新建数据库”窗口。

完成以上步骤，“天意购物”数据库创建完毕。这时，可以在“对象资源管理器”窗格中看到新建的数据库（见图 1-6）。

二、方法二

1. 简单格式

```
CREATE  DATABASE <数据库名>
```

这是创建数据库最简单的方法，用该方法创建的数据库的各个属性都是默认的，如数据库文件与日志文件存储目录、数据库大小等。

创建“天意购物”数据库方法：

步骤一：选择“开始”→“所有程序”→“Microsoft SQL Server 2012”→SQL Server Management Studio 命令，使用“Windows 身份验证”建立连接，进入 SSMS 窗口。

步骤二：在 SSMS 窗口的工具栏中，单击 新建查询(N) 按钮，创建一个查询窗口。

步骤三：在查询窗口中输入：`CREATE  DATABASE 天意购物`

步骤四：单击工具栏中的分析 ✓ 按钮，检查是否存在语法和拼写错误，如果通过，将在查询窗口的“结果”栏中显示“命令已成功完成”。

步骤五：单击工具栏中 ! 执行(X) 按钮，完成数据库的创建。这时，“天意购物”数据库出现在“对象资源管理器”窗格中（见图 1-6）。

2. 完整格式

```
CREATE DATABASE <数据库文件名>
[ON  ]
([NAME=<逻辑文件名 >,
FILENAME=<物理文件名>
SIZE=<初始值大小>,
MAXSIZE=<可增长的最大值>,
FILEGROWTH=<增长比例>])
LOG ON<日志文件>
([NAME=<逻辑文件名 >,
FILENAME=<物理文件名>
SIZE=<初始值大小>,
MAXSIZE=<可增长的最大值>,
FILEGROWTH=<增长比例>])
```

语句说明：

- “[ ]”：表示可以省略，省略时系统取默认值。
- “<>”：表示必选项，不可以省略。
- ON：表示需根据后面的参数创建该数据库。
- LOG ON：子句用于根据后面的参数创建该数据库的事务日志文件。

注意：以上命令格式中，一条语句可以分成多行书写，但多条语句不允许写在一行。

创建“天意购物”数据库方法：

步骤一：选择“开始”→“所有程序”→“Microsoft SQL Server 2012”→SQL Server Management Studio 命令，使用“Windows 身份验证”建立连接，进入 SSMS 窗口。

步骤二：在 SSMS 窗口的工具栏中，单击“新建查询(N)”按钮，创建一个查询窗口。

步骤三：在查询窗口中输入：

```
CREATE DATABASE 天意购物
ON
(  NAME=天意购物_DATA,
   FILENAME='E:\ 天意购物_DATA.NDF ',
   SIZE=6MB,
   MAXSIZE=20MB,
   FILEGROWTH=2MB
)
LOG ON
(  NAME=天意购物_LOG,
   FILENAME='E:\ 天意购物_LOG.LDF ',
   SIZE=2MB,
   MAXSIZE=10MB,
   FILEGROWTH=1MB)
```

步骤四：单击工具栏中的分析按钮，检查是否存在语法和拼写错误，如果通过，将在查询窗口的“结果”栏中显示“命令已成功完成”，如图 1-9 所示。

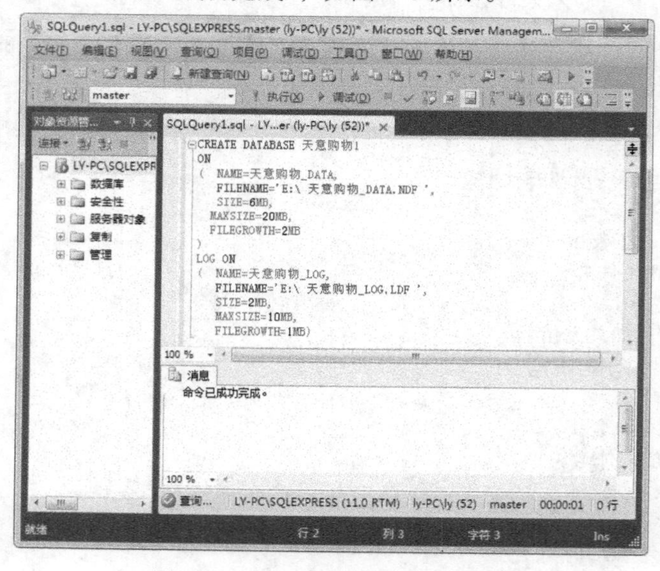

图 1-9　命令创建数据库运行窗口

步骤五：单击工具栏中的“执行(X)”按钮，完成数据库的创建。这时，“天意购物”数据库出现在“对象资源管理器”窗格中（见图 1-6）。

知识背景

一、数据库对象

SQL Server 2012 安装之后，系统自动创建了 4 个数据库。

1. master 数据库

master 数据库用于保存 SQL Server 的所有系统信息，包括登录账户、系统配置、其他数据库和数据库文件的位置。

2. model 数据库

model 数据库是一个模板数据库。在创建数据库的时候，SQL Server 便以 model 数据库为模板，将其全部的内容复制到新建的数据库中。

如果在 model 数据库中添加了新的对象，那么在以后创建一个新的数据库的时候，都把在 model 数据库中新添加的对象包含了进去。

3. msdb 数据库

msdb 数据库是 SQL Server 代理程序的专用数据库，用于保存警报、作业、记录操作，以及相关的调度信息。

4. tempdb 数据库

tempdb 数据库用于保存所有的临时表，临时存储过程和 SQL Server 当前使用的数据表。

tempdb 数据库是全局资源，所有连接到系统的用户的临时表和存储过程都存储在这个数据库中。

二、数据库文件

Microsoft SQL Server 2012 数据库至少包含两个文件：一个数据文件（也称为数据库主文件）和一个日志文件。

（1）主数据文件：这个文件是必须有的，而且只能有一个。这个文件额外存放了其他文件的位置等信息，其扩展名为.mdf。

（2）次要文件：可以建任意多个，用于不同目的存放，其扩展名为.ndf。

（3）日志文件：存放日志，保存用于恢复数据库的日志信息，每个数据库必须至少有一个日志文件，当然也可以有多个，其扩展名为.ldf。

任务三 数据库的维护

其实，数据库在创建完成后，根据需要还要进行很多的修改和维护。本任务将介绍在创建数据库之后，对数据库进行修改、删除、收缩等操作。

任务描述

使用 SSMS 方式修改数据库的方法完成对“天意购物”数据库的修改，在原有基础上添加一个数据文件，具体要求如表 1-6 所示。

表 1-6 添加一个数据文件的要求

参 数	参数值（原始）	参数值（修改）
数据库名称	天意购物	添加一个数据文件
数据文件逻辑名	天意购物_data	天意购物 1_data

续表

参　数	参数值（原始）	参数值（修改）
数据文件物理名	E:\ 天意购物.mdf	E:\ 天意购物 1.ndf
数据文件初始大小	6 MB	5 MB
数据文件最大值	20 MB	10 MB
数据文件增长值	2 MB	1 MB
事务日志文件逻辑名	天意购物_log	
日志文件物理名	E:\ 天意购物_log.ldf	
日志文件初始大小	3 MB	
日志文件最大值	10 MB	
日志文件增长值	原来的 10%	

设计过程

步骤一：进入 SQL Server Management Studio 窗口，在“对象资源管理器”窗格中找到“天意购物”数据库，右击“天意购物”结点，在弹出的快捷菜单中选择“属性”命令。

步骤二：在“数据库属性”窗口中，选择“文件”选项卡。

步骤三：单击“添加”按钮，在以下选项中输入相关信息，如图 1-10 所示。

- 逻辑名称：输入“天意购物 1_data”。
- 文件类型：为“行数据”。
- 文件组：选择 PRIMARY。
- 初始值大小为：5 MB。
- 路径：E:\ 天意购物 1.ndf。

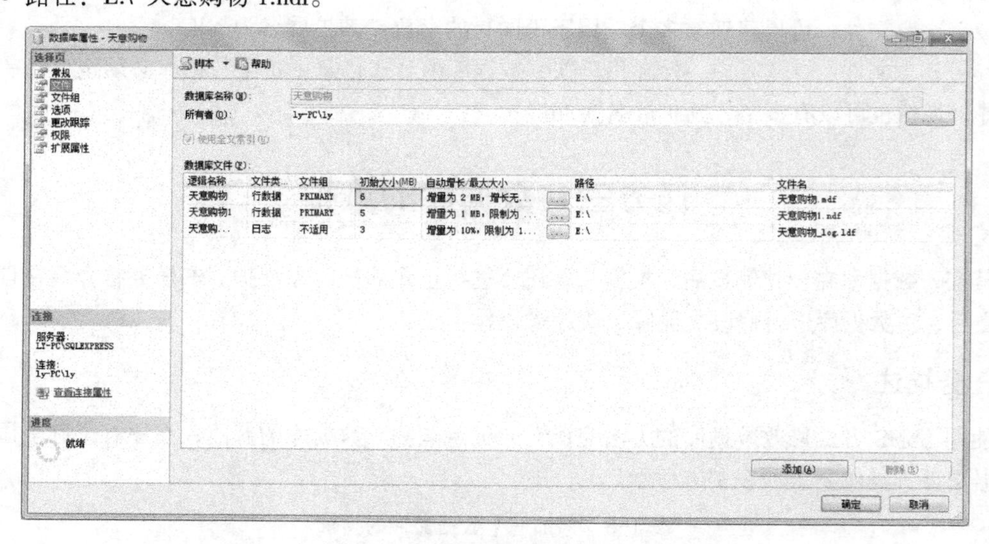

图 1-10　添加数据文件的效果图

步骤四：单击“自动增长”的省略号按钮，进入更改自动增长对话框，输入相关信息，如图 1-11 所示。

最大文件大小为：10 MB，数据文件增长值：1 MB。

步骤五：单击“确定”按钮返回，完成对“天意购物”数据库的修改，效果如图 1-10 所示。

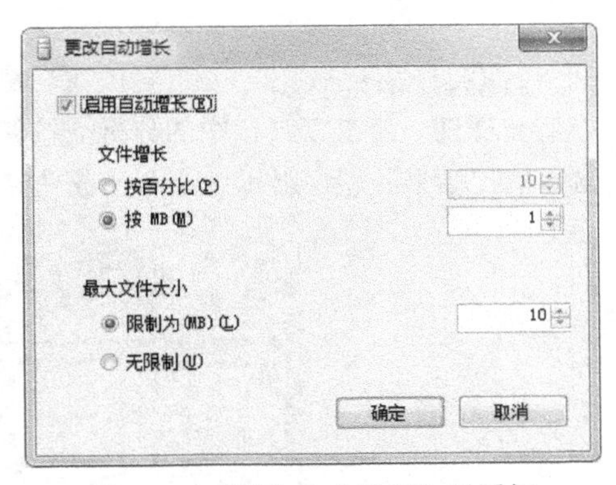

图 1-11 “更改自动增长”对话框

知识背景

一、修改数据库

当创建数据库之后，可能需要对原始定义进行修改，修改包括添加、删除数据文件或日志文件，同时，修改数据库文件名称。

1. T-SQL 修改数据库

语法格式：

```
ALTER  DATABASE <数据库名>
ADD  FILE <数据文件>  [to filegroup 文件组]
| ADD  LOG  FILE <日志文件>
```

【例 1-1】使用 T-SQL 修改数据库方法完成对“天意购物”数据库的修改，在原有基础上添加一个日志文件，具体要求如表 1-7 所示。

表 1-7 添加一个日志文件要求

参　　数	参数值（原始）	参数值（修改）
数据库名称	天意购物	添加一个日志文件
数据文件逻辑名	天意购物_dat	
数据文件物理名	E:\ 天意购物.mdf	
数据文件初始大小	6 MB	
数据文件最大值	20 MB	
数据文件增长值	2 MB	
事务日志文件逻辑名	天意购物_log	天意购物 1_log
日志文件物理名	E:\ 天意购物_log.ldf	E:\天意购物 1_log.ldf
日志文件初始大小	3 MB	5 MB
日志文件最大值	10 MB	10 MB
日志文件增长值	原来的 10%	1 MB

步骤一：选择“开始”→“所有程序”→“Microsoft SQL Server 2012”→SQL Server Management Studio 命令，使用“Windows 身份验证”建立连接，进入 SSMS 窗口。

步骤二：在 SSMS 窗口的工具栏中，单击“新建查询(N)”按钮，创建一个查询窗口。

步骤三：在查询窗口中输入：

```
ALTER  DATABASE 天意购物
ADD LOG FILE
(NAME=天意购物 1_LOG,
FILENAME='E:\天意购物 1_LOG.LDF',
SIZE=5,
```

```
MAXSIZE=10,
FILEGROWTH=1MB)
```

步骤四：单击工具栏中的分析 ✓ 按钮，检查是否存在语法和拼写错误，如果通过，将在查询窗口的“结果”栏中显示“命令已成功完成”，如图 1-12 所示。

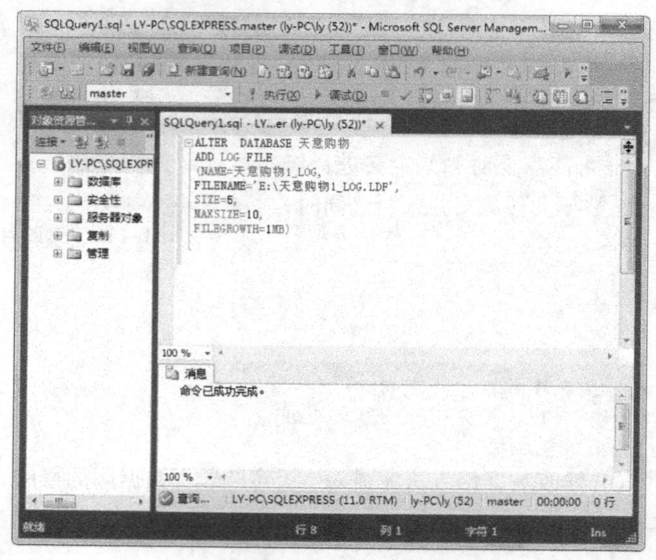

图 1-12　修改数据文件的效果图

步骤五：单击工具栏中的 ! 执行(X) 按钮，完成对“天意购物”数据库的修改，效果如图 1-13 所示。

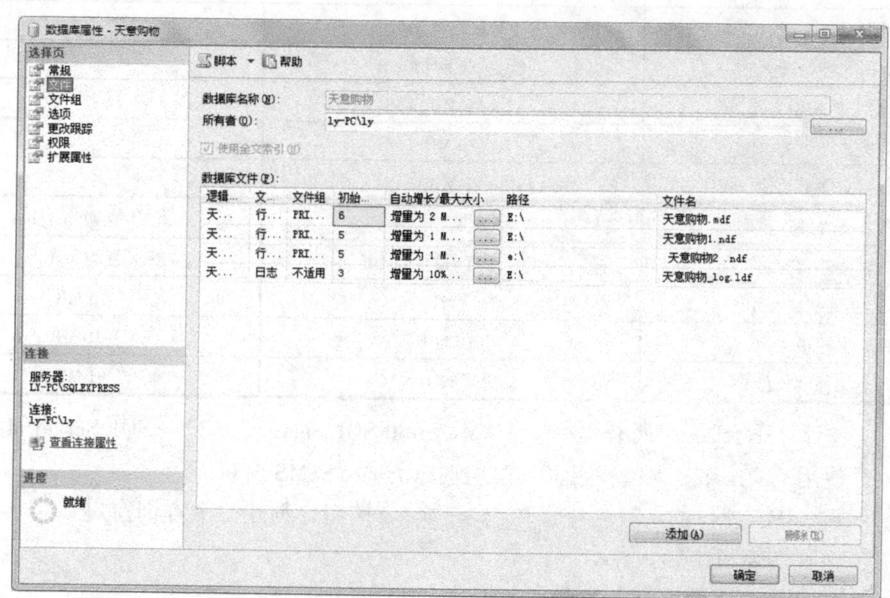

图 1-13　添加数据文件的效果图

注意： 文件大小及最大值的单位是 MB，但可以省略。

2. T-SQL 修改数据库文件名

语法格式：

```
ALTER  DATABASE <原数据库名>  MODIFY  NAME=<新数据库名>
```

【例 1-2】将“天意购物”数据库名改为“天意购物 1”。

```
ALTER  DATABASE 天意购物 MODIFY NAME=天意购物 1
```

执行结果如图 1-14 所示。

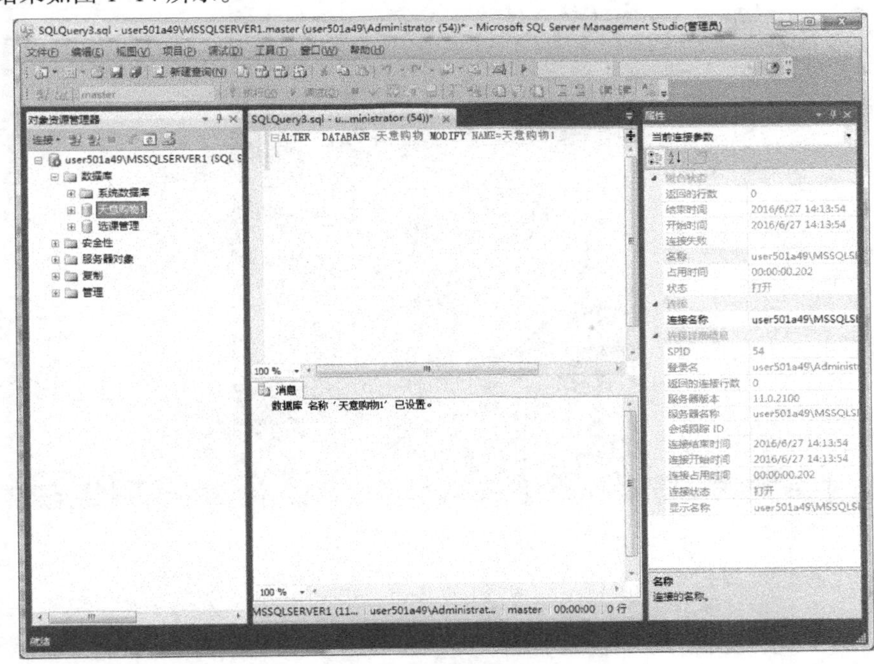

图 1-14　修改数据库名称

二、删除数据库

当不再需要数据库，或它被移到另一数据库或服务器时，即可删除该数据库。数据库删除之后，文件及其数据都从服务器上的磁盘中删除。一旦删除数据库，它即被永久删除，并且不能进行检索，除非使用以前的备份。删除数据库可以在 SQL Server Management Studio 中完成或者使用 T-SQL 语句完成。

1. 使用 SQL Server Management Studio 删除数据库

【例 1-3】使用 SSMS 方式 删除”天意购物” 数据库。

步骤一：打开 SQL Server Management Studio。

步骤二：选择要删除的“天意购物”数据库，右击，在弹出的快捷菜单中选择“删除”命令，如图 1-15 所示。

步骤三：在弹出的“删除对象”窗口，如图 1-16 所示，单击“确定”按钮，完成数据库的删除。

2. T-SQL 语句

语句格式：`DROP DATABASE <数据库文件名>`

【例 1-4】使用 T-SQL 删除”天意购物”数据库。

```
DROP DATABASE 天意购物
```

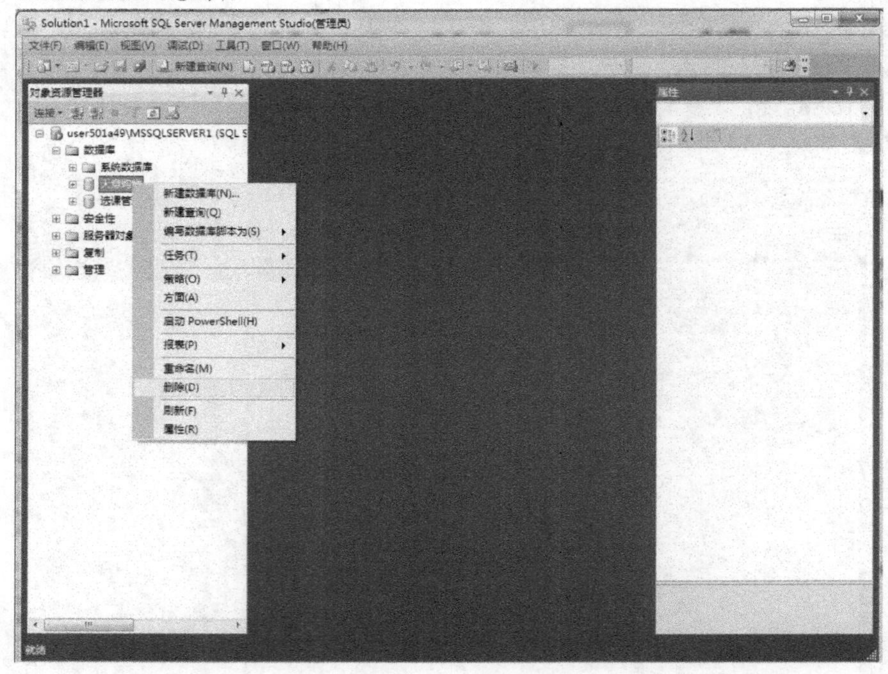

图 1-15 选择“删除”命令

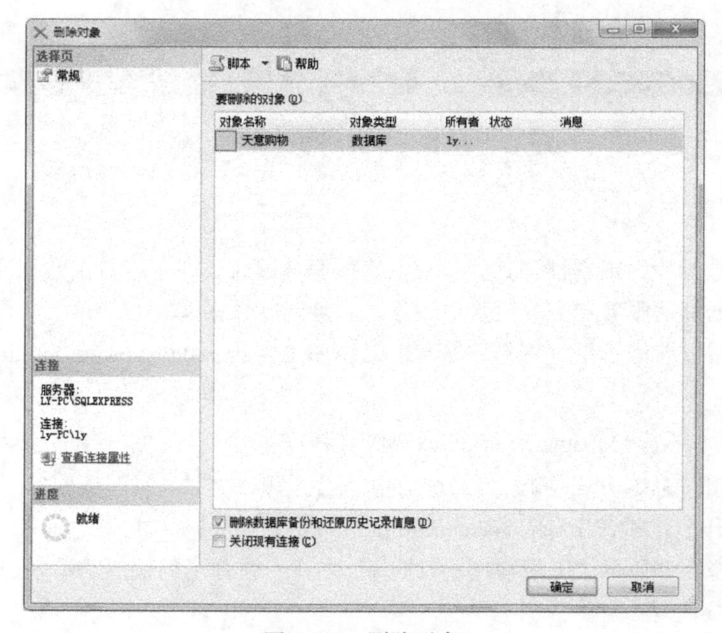

图 1-16 删除对象

三、收缩数据库

在设计数据库时，如果数据库的容量设计得过大，或者由于删除了大量数据之后，数据库有很多多余的空间，不想占用磁盘空间，这时，可以采用收缩数据库的方式节省磁盘空间。数据和事务日志文件都可以收缩。收缩数据库有 3 种方式，分别为手动收缩、自动收缩、命令收缩。

1．手动收缩

数据库文件可以作为组或单独地进行手工收缩。

步骤一：右击要修改的数据库“天意购物”，在弹出的快捷菜单中选择“任务”→“收缩”→“数据库”命令（见图 1–17），打开“收缩数据库”窗口，如图 1–18 所示。

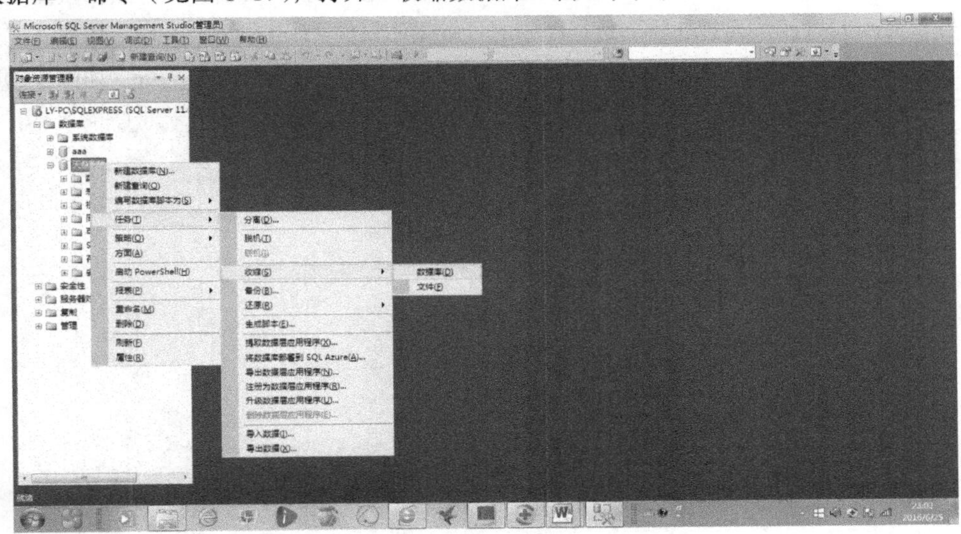

图 1–17　收缩数据库选择命令过程

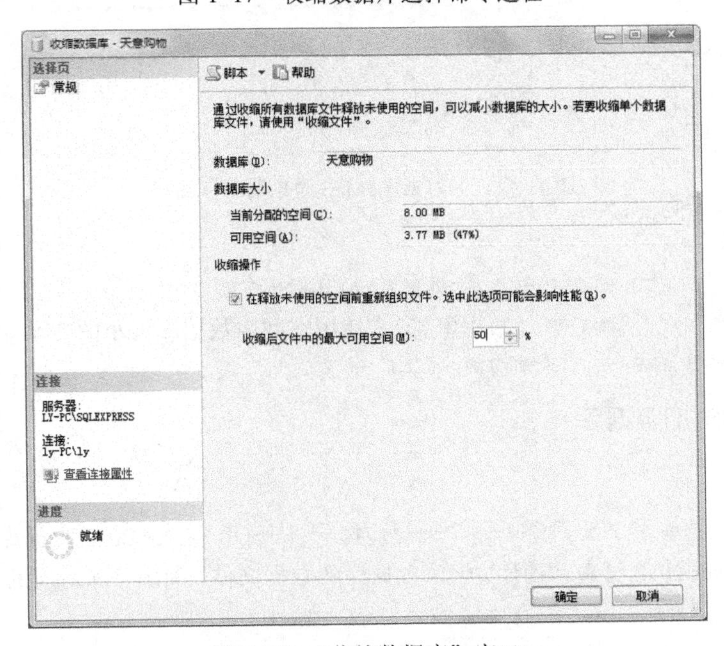

图 1–18　“收缩数据库”窗口

步骤二：选中“收缩操作”区域的复选框，用微调按钮调节“收缩后文件中的最大可用空间”

到合适的大小。

步骤三：单击“确定”按钮，完成数据库的收缩操作。

2. 自动收缩

数据库也可设置为按给定的时间间隔自动收缩。该活动在后台进行，并且不影响数据库内的用户活动。

在“资源管理器”窗口，找到需要设置的数据库“天意购物”，右击，在弹出的快捷菜单中选择“属性”命令，打开“天意购物”数据库中的“数据库属性-天意购物”窗口，切换到“选项”选项卡，在右边的“自动”列表中找到“自动收缩”选项，并将其值修改为 True，如图 1-19 所示。

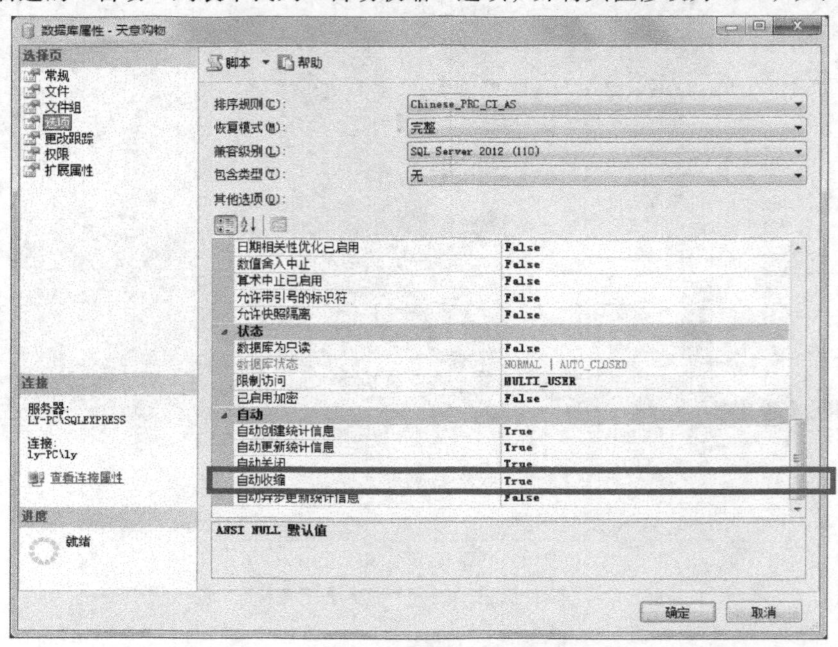

图 1-19 “数据库属性-天意购物”窗口

3. 命令收缩

格式：DBCC SHRINKDATABASE (数据库名 [,目标压缩比]

【例 1-5】压缩” 天意购物” 数据库 的未使用空间为数据库大小的 20%。

```
DBCC SHRINKDATABASE (天意购物, 20)
```

四、分离和附加数据库

1. 分离数据库

分离数据库就是将某个数据库（如“天意购物”）从 SQL Server 2012 数据库列表中删除，使其不再被 SQL Server 2012 管理和使用，但该数据库的数据文件（.MDF）和对应的日志文件（.LDF）完好无损。

分离成功后，就可以把该数据库文件（.MDF）和对应的日志文件（.LDF）复制到其他磁盘中作为备份保存。

【例 1-6】将“天意购物”数据库从 SQL Server2012 数据库列表中删除，使其数据文件和日志文件独立于 SQL Server 2012。

步骤一：右击要分离的数据库“天意购物”，在弹出的快捷菜单中选择“任务”→“分离”命令，如图 1-20 所示。

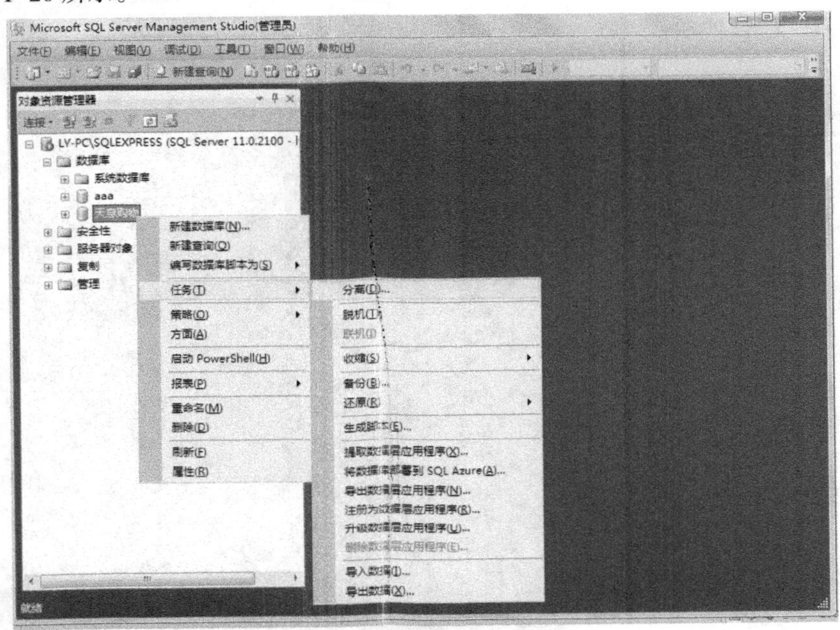

图 1-20　选择“分离”命令

步骤二：打开“分离数据库”窗口，如图 1-21 所示。

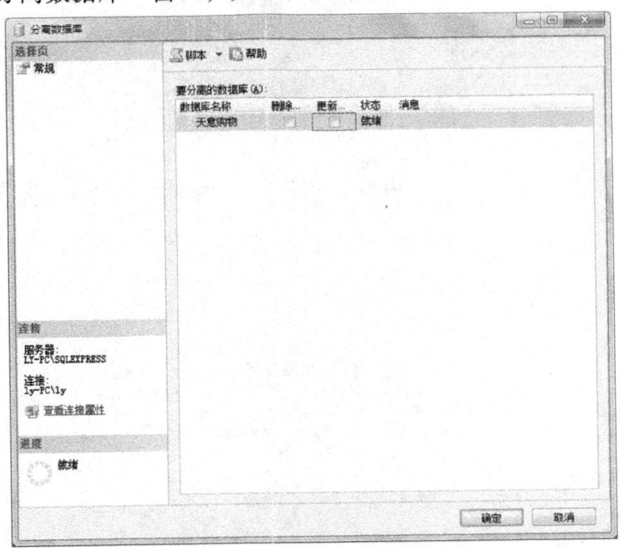

图 1-21　“分离数据库”窗口

步骤三：在打开的“分离数据库”窗口中，单击“确定”按钮，完成数据库的分离操作。

2. 附加数据库

附加数据库就是将一个备份磁盘中的数据库文件（.MDF）和对应的日志文件（.LDF）复制到

需要的计算机，并将其添加到 SQL Server 数据库服务器中，由该服务器来管理和使用这个数据库。

【例 1-7】将已经分离的数据库“天意购物”添加到 SQL Server 2012 数据库列表中。

步骤一：在“对象资源管理器”窗口中，选择数据库，右击，在弹出的快捷菜单中选择“附加”命令，如图 1-22 所示。

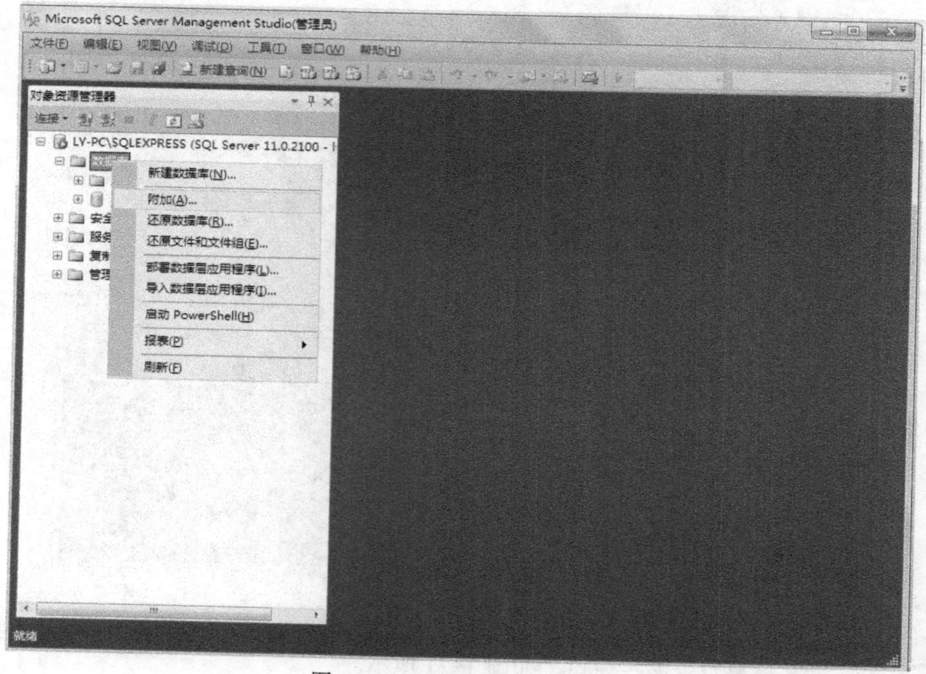

图 1-22 选择“附加”命令

步骤二：在打开的“附加数据库”窗口，单击“添加”按钮，如图 1-23 所示。

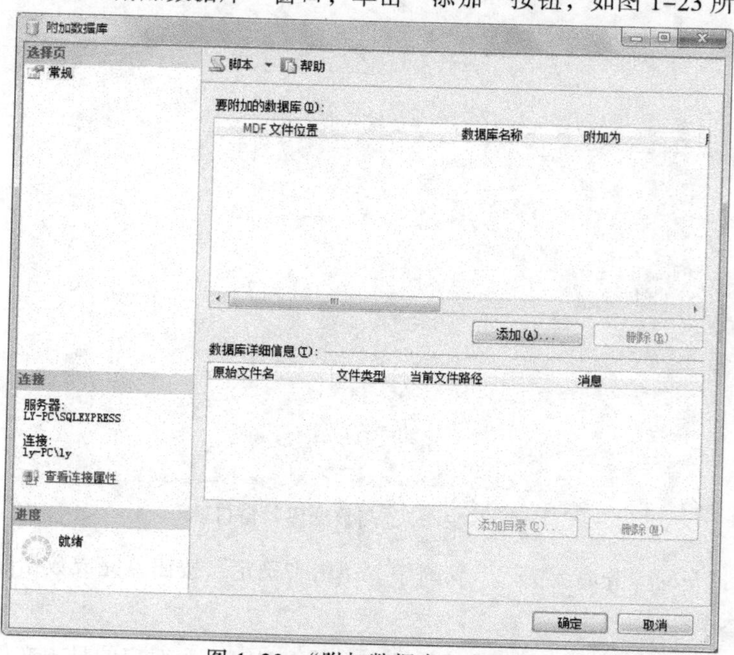

图 1-23 “附加数据库”窗口

步骤三：在打开的“定位数据库文件”窗口，选择“天意购物_DATA.mdf”，如图 1-24 所示。

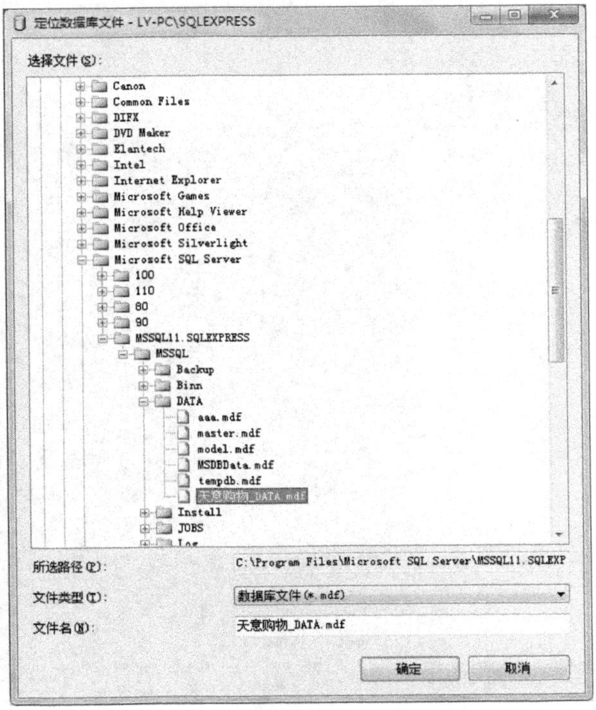

图 1-24 “定位数据库文件”窗口

步骤四：单击“确定”按钮，进入如图 1-25 所示窗口。

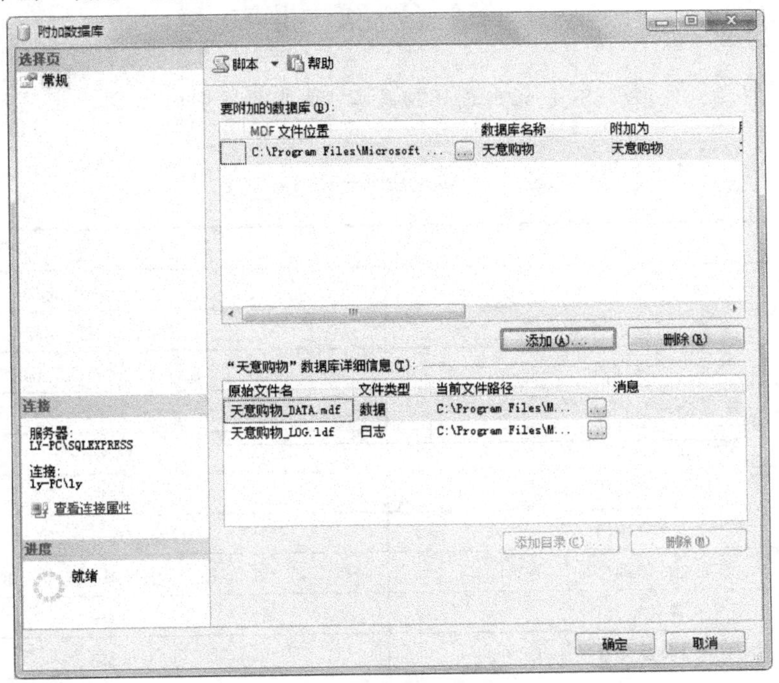

图 1-25 附加数据库详细信息

步骤五：单击“确定”按钮，完成附加数据库操作，效果如图 1-26 所示。此时，“天意购物”数据库又出现在“对象资源管理器”列表中。

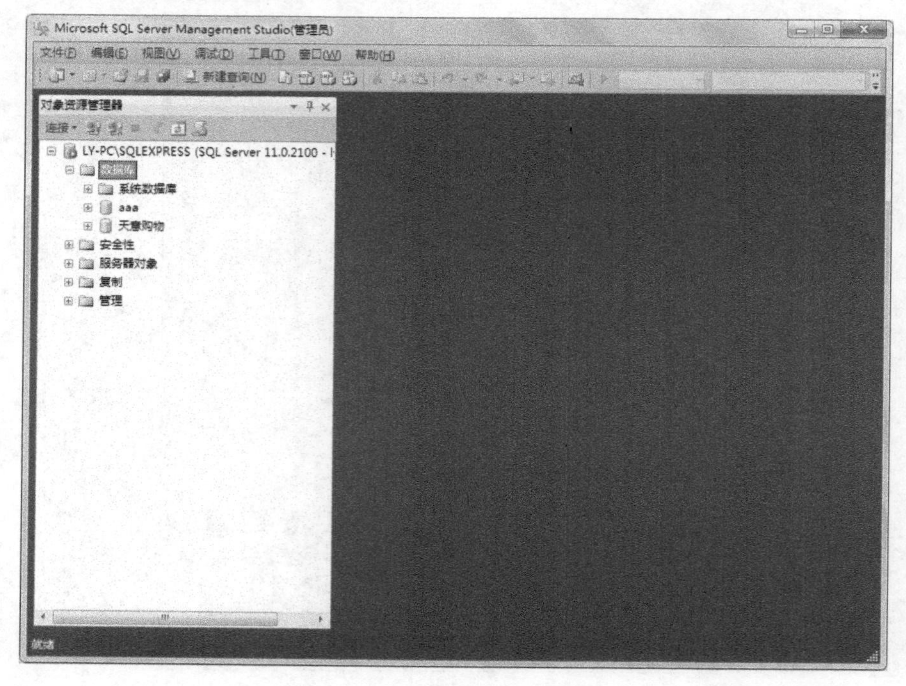

图 1-26 附加数据库成功界面

综合实训

1. 创建数据库。使用 T-SQL 语句创建数据库“学生管理系统”，要求实现如表 1-8 所示的设置。

表 1-8 学生管理系统参数要求

参 数	参 数 值
数据库名称	学生管理系统
数据文件逻辑名	学生管理系统_dat
数据文件物理名	E:\ 学生管理系统.mdf
数据文件初始大小	5 MB
数据文件最大值	15 MB
数据文件增长值	3 MB
事务日志文件逻辑名	学生管理系统_log
日志文件物理名	E:\ 学生管理系统_log.ldf
日志文件初始大小	3 MB
日志文件最大值	8 MB
日志文件增长值	原来的 10%

2. 修改数据库:

(1)使用 T-SQL 语句修改数据库“学生管理系统”，向该数据库添加一个日志文件学生管理系统 1_log，该文件存放在 E:\下，该日志文件初始大小 5 MB，文件增长量为 5%，文件最大的增长上限为 40 MB。

(2)使用 T-SQL 语句修改数据库“学生管理系统”，将主数据库文件的增长上限修改为 30 MB。

项目二 “天意购物”数据库中数据表的创建与管理

数据库创建完成后，接下来的工作就是创建数据表。在数据库中，实际存储数据的是数据表，因此需要为该系统创建多个数据表、向表中录入数据并管理表和表中数据。

项目内容：

- 任务一 创建数据表。
- 任务二 数据表记录的编辑。
- 任务三 数据表的维护。

项目目标：

- 熟练掌握：使用对象资源管理器和T-SQL语句创建和管理数据表。
- 掌握：使用对象资源管理器和T-SQL语句向表中插入、修改、删除数据。
- 初步了解：数据表结构。

任务一 创建数据表

数据表是数据库中最基本的数据对象，存放数据库中所有的数据。数据库实际上是表的集合。在数据库中，数据表是按照行和列结构存储数据的。

任务描述

要求在“天意购物”网站中利用ssms方式创建4张表（表结构）分别为：

（1）Customers（客户信息）表，描述客户个人信息，如图2-1所示。

（2）Products（商品信息）表，描述商品信息，如图2-2所示。

（3）Orders（订购信息）表，描述订购商品情况，如图2-3所示。

（4）Carts（购物车信息）表，描述购物车信息，如图2-4所示。

Customers（客户信息）表结构：CustomerID（客户编号）、Name（姓名）、Password（密码）、Telephone（电话）、Address（地址），如图2-1所示。

列名	数据类型	允许Null值
CustomerID	varchar(9)	☐
Name	varchar(20)	☐
Password	varchar(8)	☐
Telephone	varchar(20)	☐
Address	varchar(50)	☐

图2-1 Customers客户信息表

Products（商品信息）表结构：ProductID（商品编号）、Type（类型）、ProductName（产品名称）、Price（价格），如图2-2所示。

列名	数据类型	允许 Null 值
ProductID	varchar(9)	
Type	varchar(15)	
ProductName	varchar(50)	
Price	decimal(10, 2)	

图 2-2 Products 商品信息表

Orders（订购信息）表结构：CustomerID（客户编号）、ProductID（商品编号）、OrderID（订单编号）、OrderDate（订单日期）、PaidDate（付款日期），如图 2-3 所示。

Carts（购物车信息）表结构：CustomerID（客户编号）、ProductID（商品编号）、CartID（购物车编号）、Quantity（商品数量），如图 2-4 所示。

列名	数据类型	允许 Null 值
CustomerID	varchar(9)	
ProductID	varchar(9)	
OrderID	varchar(10)	
OrderDate	datetime	
PaidDate	datetime	

图 2-3 Orders 订购信息表

列名	数据类型	允许 Null 值
CustomerID	varchar(9)	
ProductID	varchar(9)	
CartID	varchar(10)	
Quantity	int	

图 2-4 Carts 购物车信息表

设计过程

步骤一：启动 SQL Server 2012 中的 SQL Server Management Studio 工具，以 Windows 身份验证或 SQL Server 身份验证登录。

步骤二：在“对象资源管理器”中，展开“数据库”列表，展开创建的天意购物数据库，右单击“表”，在弹出的快捷菜单中选择“新建表”命令，如图 2-5 所示。

步骤三：打开“表设计器”窗口，定义表的结构，如图 2-6 所示。显示表基本属性——列名、数据类型和允许 Null 值。

图 2-5 新建表命令

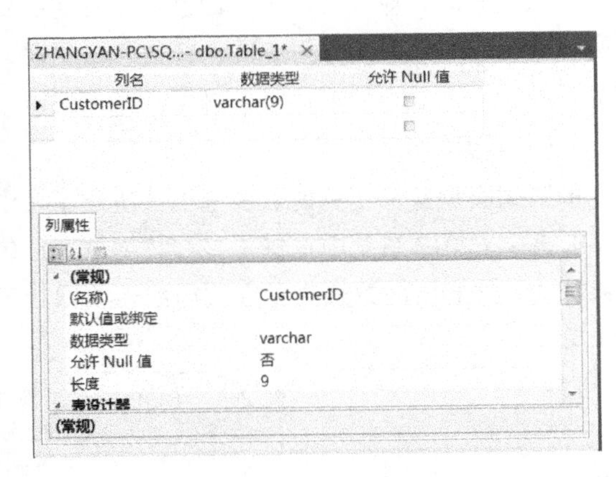

图 2-6 表设计器

（1）列名：设计表的各个字段名称。

（2）数据类型：下拉列表中包括了所有的系统数据类型及其长度。

（3）允许 Null 值：是否允许为空值的状态，选中说明允许为空值，取消选中说明不允许为空值，默认状态下允许为空值。

步骤四：定义好列后，需要保存创建的表，单击“保存”按钮，弹出“选择名称”对话框，输入新建的表名称，即完成了数据表的创建，如图 2-7 所示。

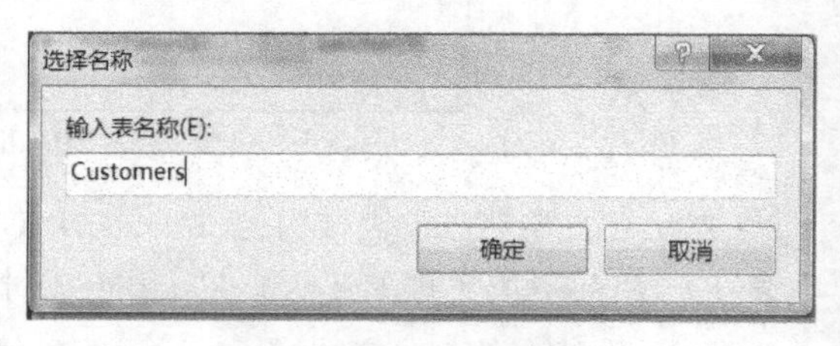

图 2-7　输入数据表名称

知识背景

一、数据表

1. 表

表（Table）是包含数据库中所有数据的数据库对象。数据在表中的组织方式与在电子表格中相似，都是按行和列的格式组织。每一行代表一条唯一的一条数据信息（也称为记录），每一列代表记录中的一个字段（属性）。例如，一个包含客户信息的数据表，表中每一行代表了一个客户的信息，每一列代表了客户具有的属性，如客户编号（CustomerID）、客户姓名（Name）、密码（Password）、客户电话（Telephone）、通信地址（Address）等，如图 2-8 所示。

CustomerID	Name	Password	Telephone	Address
100101211	王明	12345678	13101567812	湖北武汉
202000198	李丽	67890123	15107819211	山西太原
212345678	陈晓艳	56712345	13243456783	上海
301119782	张春花	56789034	17890123452	天津现代
578102356	赵红	23456789	18934567893	天津海运
678123456	刘彤	34561234	13567123458	福建厦门

图 2-8　客户信息表数据

设计数据表时，应该考虑下面因素：先确定需要的各个表，各表中都有哪些列，每一列的数据类型、长度、列是否允许为空值；哪些列是主键、外键；是否使用约束、默认值和规则；是否使用索引等。

2. 数据类型

列的数据类型定义了列的取值范围，决定了表中的某一列可以存放什么样的数据。

SQL Server 2012 系统中提供了多种数据类型，包括：整型数字类型、浮点型数字类型、字符数据类型、日期和时间数据类型、货币数据类型、二进制数据类型、文本和图形数据类型等，如表 2-1 所示。

表 2-1　SQL Server 所支持的数据类型

类　别	数 据 类 型	说　明
整型	bigint	$-2^{63} \sim 2^{63}-1$ 的整型数据
	int	$-2^{31} \sim 2^{31}-1$ 的整型数据

续表

类 别	数据类型	说 明
整型	smallint	-2^{15} ~ $2^{15}-1$ 的整型数据
	tinyint	0 ~ 255 的整数数据
	bit	0 或 1 的整型数据（0 表示真，1 表示假）
精确数值型	decimal	$-10^{38}+1$ ~ $10^{38}-1$ 的固定精度和小数位的数字数据
	numeric	功能上等同于 decimal
近似数值型	float	-1.79E+308 ~ 1.79E+308 浮点精度的数字
	real	-3.40E+38 ~ 3.40E+38 的浮点精度数字
货币型	money	货币数据值介于 -2^{63} ~ $2^{63}-1$，精确到货币单位的 1%
	smallmoney	货币数值介于-2 147 483 648 ~ 2 147 483 647 之间，精确货币的 1%
时间日期型	datetime	1753 年 1 月 1 日 ~ 9999 年 12 月 31 日的日期，精确到 3% s（或 3.33 ms）
	smalldatetime	1900 年 1 月 1 日 ~ 2079 年 6 月 6 日的日期，精确到分钟
字符型	char	固定长度的非 Unicode 字符数据，最大长度为 8 000 个字符
	varchar	可变长度的非 Unicode 数据，最大长度为 8 000 个字符
	text	可变长度的非 Unicode 数据，最大长度为 $2^{31}-1$ 个字符
Unicode 字符型	nchar	固定长度的 Unicode 数据，其最大长度为 4 000 个字符。
	nvarchar	可变长度的 Unicode 数据，其最大长度为 4 000 个字符。
	ntext	可变长度的 Unicode 数据，其最大长度为 $2^{30}-1$ 个字符
二进制型	binary	固定长度的二进制数，其最大长度为 8 000 个字节
	varbinary	可变长度的二进制数，其最大长度为 8 000 个字节
	image	可变长度的二进制数据，其最大长度为 $2^{31}-1$ 个字节

3. 空值（NULL）

空值（或 NULL）不同于 0、空白或长度为 0 的字符串（如""）。NULL 的意思是没有输入。出现 NULL 通常表示值未知或未定义。若一列允许为空值，则向表中输入记录值时，可不为该列给出具体值，而若一个列不允许为空值时，则在输入时，必须给出具体的值。

4. 主键与外键

关系型数据库中的一条记录中有若干个属性，主键是用来唯一标识表中每一行的属性或属性的组合，它的值必须是唯一的并且不允许为空值。

外键是用来描述表和表之间联系的属性，当一个数据表中的属性作为另一个表的主键时，该属性就称为外键。例如，客户信息表中，主键为客户编号，订购信息表中客户编号字段称为外键。在一个数据表中外键可以有多个，外键保持了数据的一致性。其值可以不唯一，允许有重复值，也允许为空值。

5. 约束

约束是 SQL Server 强制实行的应用规则。所谓数据完整性，就是指存储在数据库中数据的一致性和正确性。使用约束的目的是限制表中数据的格式和可能值，从而防止列中出现非法数据，从而保证数据库中数据的完整性。当删除表时，约束也随之删除。

SQL Server 2012 中有 5 种约束，包括 PRIMARY KEY 约束、UNIQUE 约束、CHECK 约束、DEFAULT 约束、FOREIGN KEY 约束。

（1）主键（PRIAMRY KEY）约束：用来保证数据的完整性，每一个数据表中只能有一个主键约束，它可以唯一确定一个表中的每一条记录。例如客户信息表 Customers 中，客户编号 CustomersID 设为该表的主键，它能唯一标识一条客户信息的记录，不允许存在主键相同的两条记录，且该列的值不为空值（NULL）。

如果主键约束定义在不止一列上，则一列中的值可以重复，但主键约束定义中的所有列的组合值必须唯一，因为该组合列称为表的联合主键。

（2）唯一性（UNIQUE）约束：应用于表中的非主键列，用于保证表中的两个数据行在非主键列中没有相同的列值。与 PRIMARY KEY 约束类似，UNIQUE 约束也强制唯一性，为表中的一列或多列提供实体完整性。但 UNIQUE 约束用于非主键的一列或多列的组合，且一个表可以定义多个 UNIQUE 约束，另外 UNIQUE 约束可以用于定义允许空值的列；而 PRIMARY KEY 约束只能用在唯一列上且不能为空值。

（3）检查（CHECK）约束：用于限制输入到一列或多列的值的范围，从逻辑表达式判断数据的有效性，也就是一个列的输入内容必须满足 CHECK 约束的条件，否则数据无法正常输入，从而保证数据的域完整性。

（4）默认（DEFAULT）约束：若将表中某列定义了 DEFAULT 约束后，用户在插入新的数据行时，如果没有为该列指定数据，那么系统将默认值赋给该列。默认值可以为常量、函数、空值（NULL）等。

（5）外键（FOREIGN KEY）约束：用于建立和加强两个表（主表与从表）的一列或多列数据之间的连接，当数据添加、修改或删除时，通过参照完整性保证它们之间数据的一致性。

定义表之间的参照完整性是先定义主表的主键约束，再对从表定义外键约束。

二、创建数据表

创建数据表的方法主要有两种：一种是使用图形界面创建；另一种是使用 T-SQL 命令创建。

1. 使用对象资源管理器创建表

【例 2-1】在天意购物数据库中，创建客户信息表（Customers）。

在前面的详细描述中已经详细介绍了设计过程。

2. 使用 T-SQL 命令创建

使用 CREATE TABLE 命令可以创建表，具体语法格式如下：

```
CREATE TABLE    <表名>
（ 字段名 1  数据类型（长度）[其他字段属性 ]，
   字段名 2  数据类型（长度）[其他字段属性 ]，
...
  字段名 n  数据类型（长度）[其他字段属性 ] ）
```

【例 2-2】使用 T-SQL 命令创建商品信息表 Products，表结构如图 2-2 所示。

在查询编辑器窗口中，输入如下命令：

```
USE 天意购物
GO
CREATE TABLE PRODUCTS
(
    PRODUCTID VARCHAR (9) NOT NULL
    TYPE VARCHAR(15) NOT NULL,
   PRODUCTNAME VARCHAR(50) NOT NULL,
   PRICE DECIMAL(10, 2)NOT NULL
)
GO
```

执行结果如图 2-9 所示。

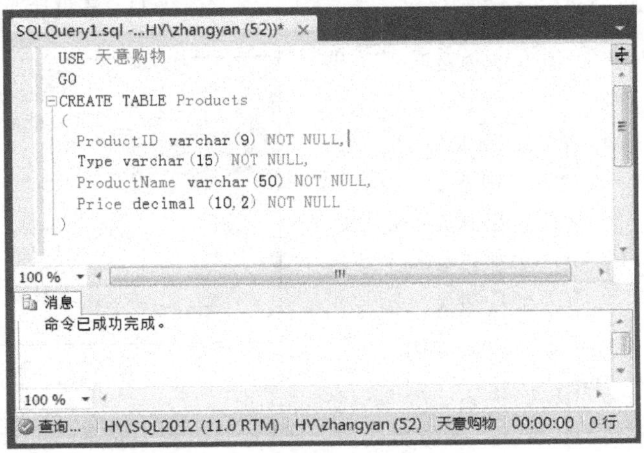

图 2-9　使用 SQL 语句创建数据表

Orders（订购信息）表、Carts（购物车信息）表均可以按以上两种方法创建。

三、修改数据表

数据表创建以后，在使用过程中可能需要对原先定义的表的结构进行修改。对表的修改包括：增加列、删除列、修改已有列的属性、添加主键外键、添加删除约束等。

1. 修改表结构

（1）使用对象资源管理器修改表

【例 2-3】将天意购物数据库中 Customers 表增加一列“用户邮箱（Email）”。

步骤一：在“对象资源管理器”窗口中，右击表 Customers，在弹出的快捷菜单中选择“设计”命令，如图 2-10 所示。

步骤二：在打开的表 Customers 设计器窗口中，将鼠标置于最后的空行格，输入列名 Email，选择数据类型 varchar，并选择允许为空值，如图 2-11 所示。

步骤三：单击“保存”按钮，完成修改。

图 2-10　设计命令

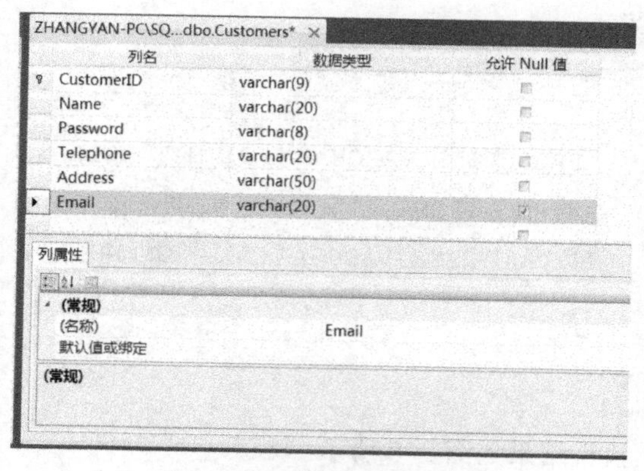

图 2-11　表设计器窗口

【例 2-4】删除刚才在 Customers 表中建立的“用户邮箱（Email）”列。

步骤一：在表 Customers 设计器窗口中，右击 Email 列，选择“删除列”命令，如图 2-12 所示。

步骤二：单击“保存”按钮，以保存操作结果。

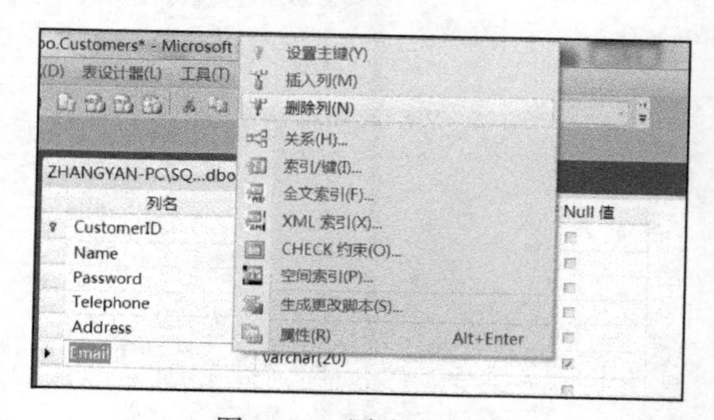

图 2-12　删除列命令

修改已有列的属性：包括重新设置列名、数据类型、长度、是否允许空、默认值等。但是当表中已有记录后，不要轻易修改表的结构，特别是修改列的数据类型，以免造成错误。例如，表中某列的数据类型为 decimal 型，如果将它改为 int 型，那么表中原有的记录值将丢掉部分数据，从而引起数值错误。

在表设计器中修改列的属性和设计列的属性一样。

（2）使用 T-SQL 语句修改表结构：

基本语法格式如下：

```
ALTER  TABLE  <表名>
[ALTER  COLUMN<列名><, 新数据类型>[NULL/NOT NULL]]
[ADD <新列名><数据类型> [完整性约束][NULL/NOT NULL]]
[DROP COLUMN<完整性约束名>]
```

语句说明：

- ALTER　TABLE：关键字，表示修改表。
- ALTER　COLUMN：关键字，表示修改表中的列。
- ALTER/ADD/DROP：关键字，表示修改、增加、删除。
- NULL/NOT NULL：表示修改列为空或不为空。

【例 2-5】商品信息（Products）表中添加生产厂商（Producter）列，数据类型为 varchar，长度为 50，并且允许为空值。

```
ALTER  TABLE  Products
ADD  PRODUCTER  VARCHAR(50)  NULL
GO
```

2. 设置约束

约束的创建、查看与删除等操作均可使用两种方式实现：一是图形界面的方法；二是使用T-SQL语句进行。

使用T-SQL语句，语法格式如下：

```
ALTER TABLE  <表名>
ADD CONSTRAINT  约束名
{PRIMARY  KEY  CLUSTERED  (列名[,…])
|DEFAULT 约束表达式
|FOREIGN  KEY（列名）
REFERENCES  表名（列名）
|CHECK （逻辑表达式）
| DROP  CONSTRAINT 约束名}
```

语句说明：

- PRIMARY KEY：关键字，表示主键约束。
- CLUSTERED：关键字，表示聚集索引，一般主键为聚集索引。
- DEFAULT：关键字，表示默认约束。
- FOREIGN KEY：关键字，表示外键约束。
- REFERENCES：关键字，表示被参照关系。
- CHECK：关键字，表示检查约束。
- DROP CONSTRAINT：关键字，表示删除约束。

（1）PRIMARY KEY约束的创建、删除：

【例 2-6】使用图形界面的方法将客户信息表Customers的CustomerID定义为主键约束。

在表Customers设计器窗口中，右击客户编号列（CustomerID），在弹出的快捷菜单中选择“设置主键”命令，如图2-13所示。或者选中CustomerID列，在“表设计器”工具栏上单击“设置主键”按钮，然后保存即可。再次单击“设置主键”按钮，就可取消刚才设置的主键。

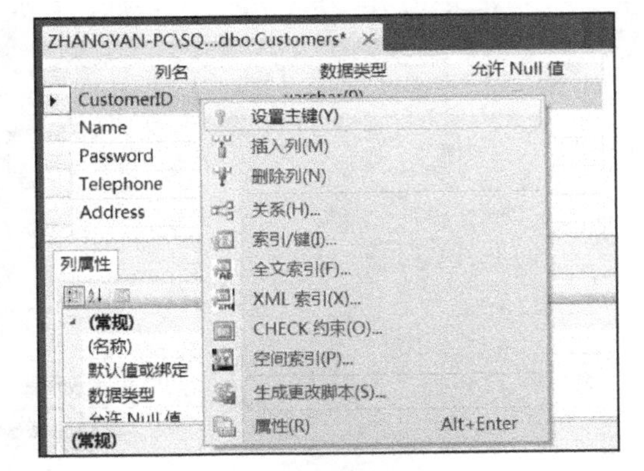

图 2-13 设置主键约束

如果主键由多列组成，先选中此列，然后按住【Ctrl】键不放，同时用鼠标选择其他列，然后单击“设置主键”按钮，即可将多列组合设置成主键。

【例 2-7】使用T-SQL语句创建上例中的PRIMARY KEY约束。

```
ALTER TABLE customers
ADD CONSTRAINT PK_CustomerID
```

```
PRIMARY KEY CLUSTERED (CUSTOMERID)
GO
```

【例 2-8】删除该主键的 T-SQL 语句如下：

```
ALTER TABLE Customers
DROP CONSTRAINT PK_CustomerID
GO
```

（2）UNIQUE 约束的创建、删除：

【例 2-9】使用图形界面的方法将客户信息表 Customers 的 Email 列创建 UNIQUE 约束，操作步骤如下：

步骤一：打开 Customers 表设计器窗口，单击“表设计器”工具栏上的“管理索引和键”按钮，或者右击 Email 列，在弹出的快捷菜单中选择“索引/键”命令，如图 2-14 所示。

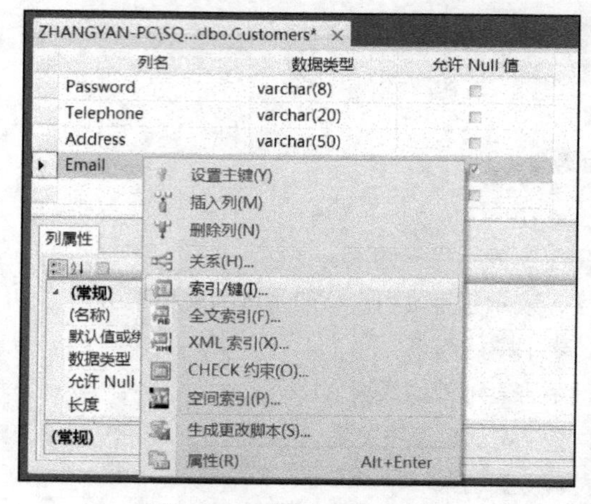

图 2-14　设置唯一性约束

步骤二：打开“索引/键”对话框，单击“添加”按钮，如图 2-15 所示。

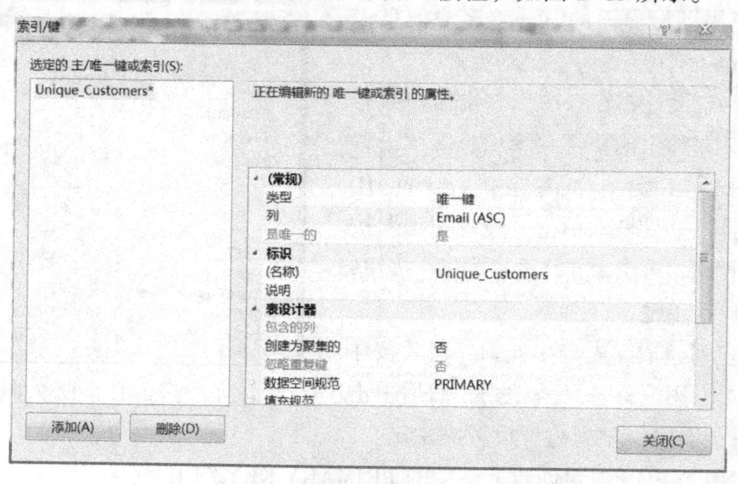

图 2-15　“索引/键”对话框

步骤三：在“常规”列表框中选择“类型”是“唯一键”、“列”是 Email、“名称”是 Unique_Customers；

由于表可以拥有多个 UNIQUE 约束，可以重复上述操作。

步骤四：最后单击“关闭”按钮回到 SSMS 窗口，单击“保存”按钮。

【例 2-10】使用 T-SQL 语句创建上例中的 UNIQUE 约束。

```
CREATE UNIQUE INDEX Unique_Customers ON Customers (Email)
```

【例 2-11】使用 T-SQL 语句删除以上创建的 UNIQUE 约束。

```
DROP  INDEX
Customers.Unique_ Customers
```

（3）CHECK 约束的创建、删除：

【例 2-12】表 Products 定义价格列（Price）只能是大于零，以避免用户输入其他的值。要解决此问题，需要用到 CHECK 约束，如果用小于或等于零，系统均提示用户输入无效。操作步骤如下：

步骤一：在“对象资源管理器”中右击表 Products，选择“设计”命令，出现表设计器窗口。

步骤二：右击 Price 列，选择“CHECK 约束”命令（见图 2-16）或者单击“表设计器”工具栏上的“管理 CHECK 约束”按钮。

步骤三：在打开的“CHECK 约束”对话框中，单击“添加”按钮，开始编辑约束的属性，如图 2-17 所示。

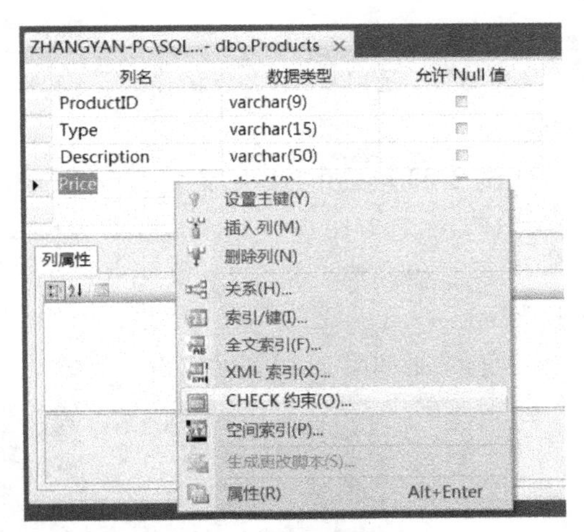

图 2-16 设置检查约束

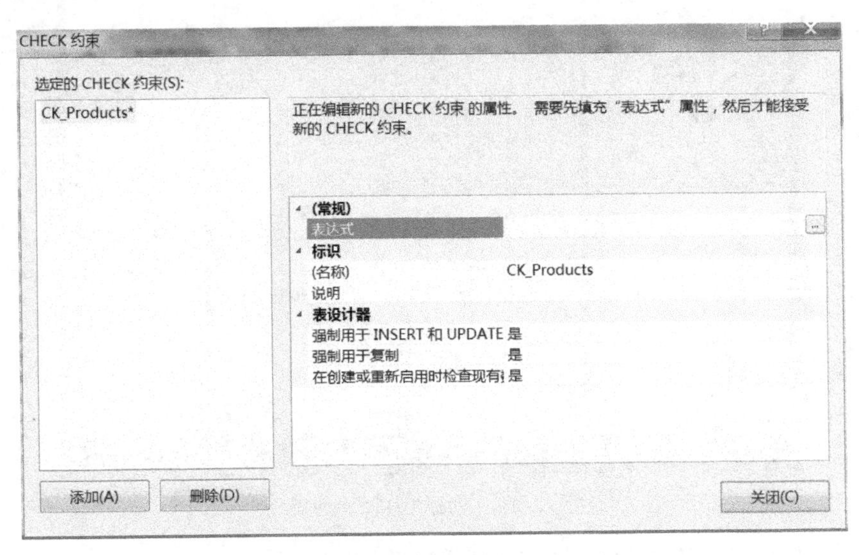

图 2-17 “CHECK 约束”对话框

步骤四：单击“表达式”右侧的按钮，打开“CHECK 约束表达式”对话框，在其中编辑约束条件，如图 2-18 所示。

图 2-18 编辑约束条件

步骤五：单击“确定”按钮，返回到 SQL Server Management Studio 窗口，单击“保存”按钮。

【例 2-13】使用 T-SQL 语句创建 CHECK 约束。

```
ALTER  TABLE  Products
ADD  CONSTRAINT  CK_Products
CHECK(price>0)
```

执行结果如图 2-19 所示。

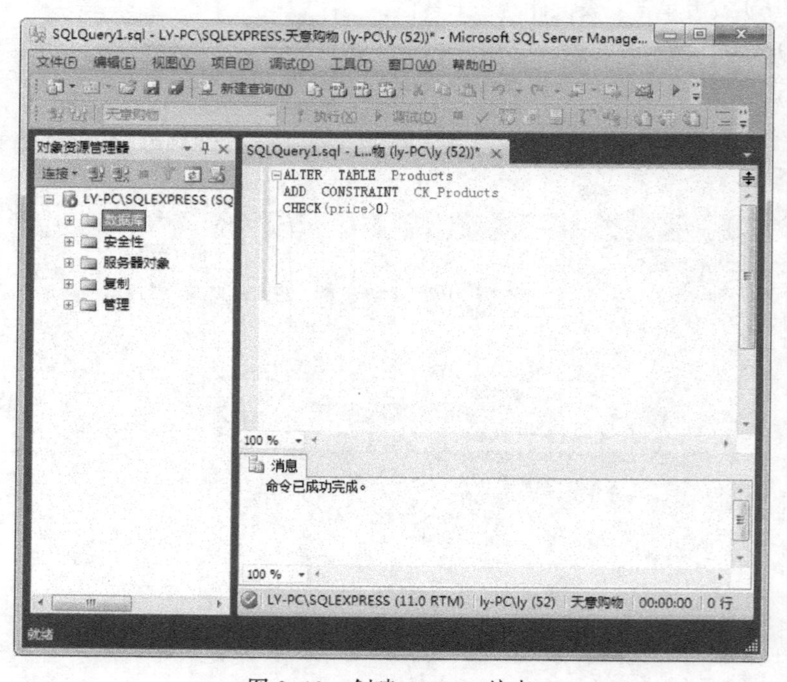

图 2-19 创建 CHECK 约束

【例 2-14】使用 T-SQL 语句删除以上创建的 CHECK 约束。

```
ALTER  TABLE  Products
DROP  CONSTRAINT  CK_Products
```

执行结果如图 2-20 所示。

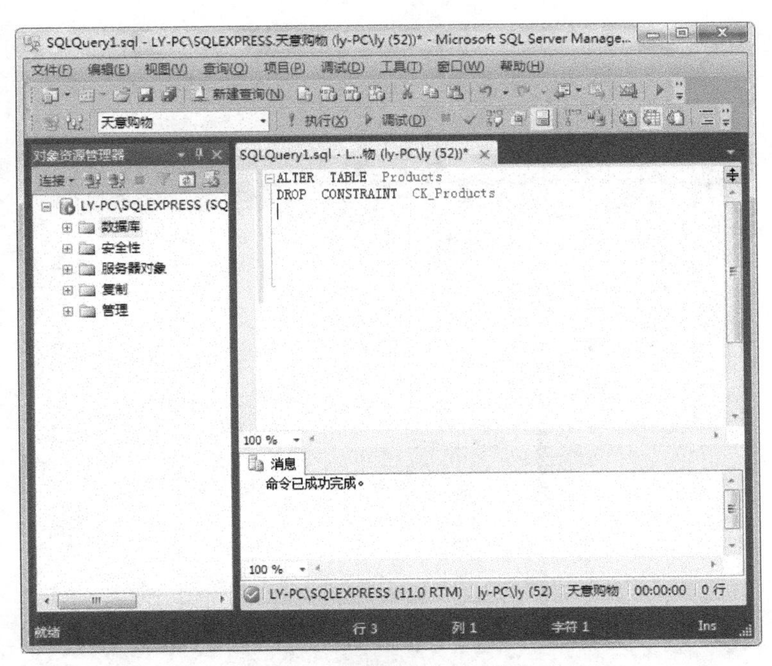

图 2-20　删除 CHECK 约束

(4) DEFAULT 约束的创建、删除:

【例 2-15】在表 Customers 的 Password 列定义 DEFAULT 约束，要求默认值为“111111”。

其操作如下：在表设计器窗口中，选择 Password 列，在“列属性”选项卡的“默认值或绑定”文本框中输入：111111，如图 2-21 所示，然后单击“保存”按钮。

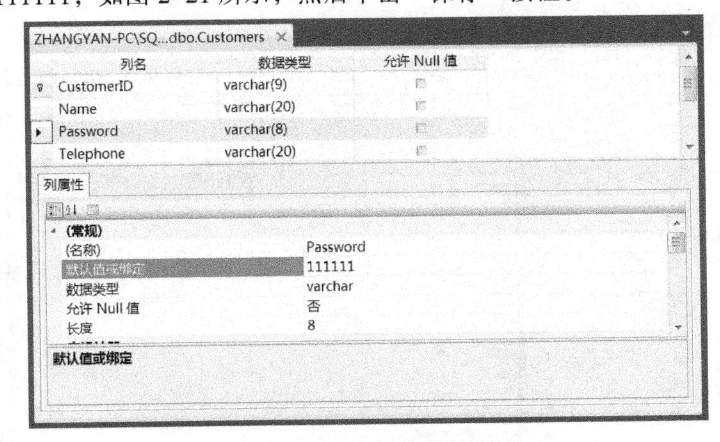

图 2-21　Customers 表设计器窗口

要想删除已建立的 DEFAULT 约束，只需要将“默认值或绑定”文本框中的默认值清空，然后保存即可。

【例 2-16】使用 T-SQL 语句为上例创建 DEFAULT 约束。

```
ALTER  TABLE  Customers
ADD  CONSTRAINT  DE_Password  DEFAULT('111111')  FOR  Password
GO
```

执行结果如图 2-22 所示。

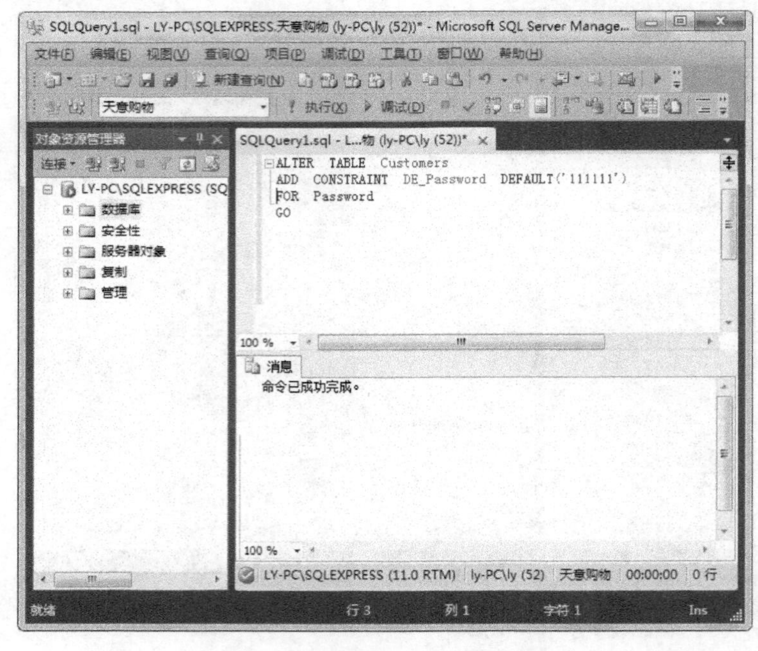

图 2-22　创建 DEFAULT 约束

【例 2-17】删除上例中创建的 DEFAULT 约束 DE_Password。

```
ALTER  TABLE  Customers
DROP  CONSTRAINT  DE_Password
```

执行结果如图 2-23 所示。

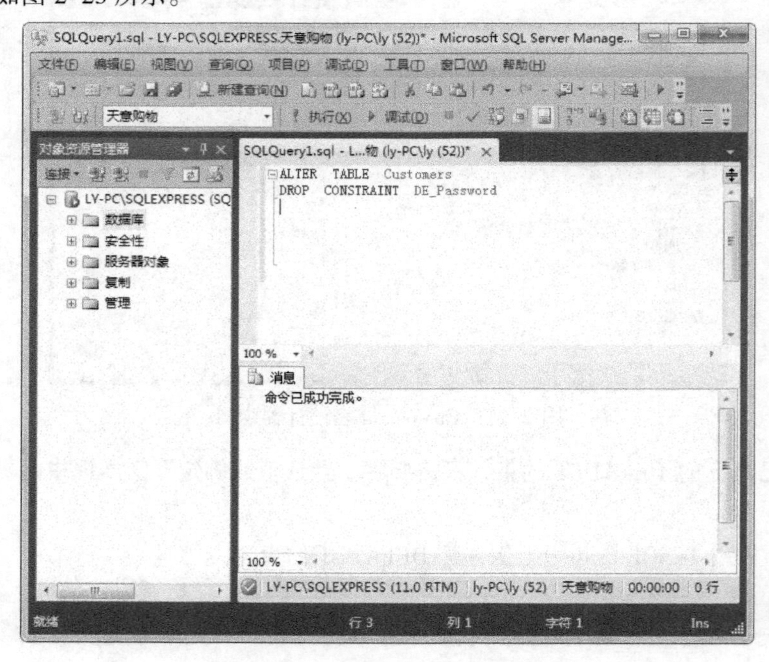

图 2-23　删除 DEFAULT 约束

（5）FOREIGN KEY 约束的创建、删除：

FOREIGN KEY 用于建立和加强两个表（主表和从表）的数据之间连接的一列或多列，当数据添加、修改和删除时，通过参照完整性保证它们数据的一致性。

对于表 Customers 设置 CustomerID 列为其主键，对于表 Orders 设置 CustomerID 列为其外键，这样通过 CustomerID 列建立两个表之间的外键约束关系。

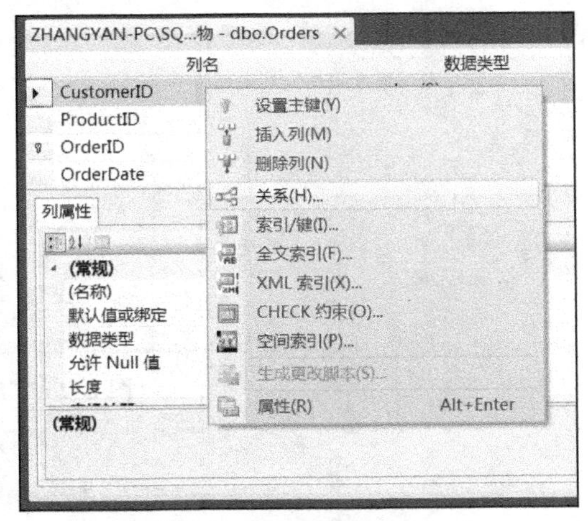

图 2-24　创建外键约束

【例 2-18】使用图形界面的方法来创建客户信息表（Customers）与订购信息表（Orders）之间的外键约束。

步骤一：首先检查客户信息表（Customers）中是否将 CustomerID 设置为主键，如果没有就先设置它为该表的主键。

步骤二：打开订购信息表 Orders 的设计器窗口，单击工具栏上的“关系”按钮，或者右击 CustomerID 列，选择“关系”命令（见图 2-24），打开“外键关系”对话框。

步骤三：在“外键关系”对话框中单击“添加”按钮，如图 2-25 所示。

步骤四：单击“表和列规范”右边的[...]按钮，打开“表和列”对话框，在“主键表”列表框中选择 Customers，选择列为 CustomerID；“外键表”选择 Orders，选择列为 CustomerID。此时“关系名”文本框中的名称将随之变化，可以使用默认名称或自己编辑的名称，如图 2-26 所示。

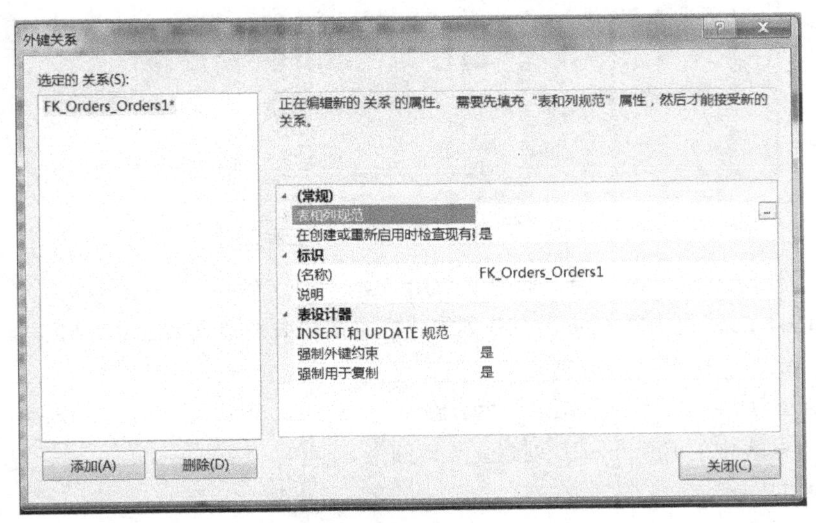

图 2-25　“外键关系”对话框

步骤五：单击“确定”按钮，返回到 SSMS 窗口，单击“保存”按钮，提示保存 Customers 和 Orders 之间的关系，如图 2-27 所示。单击“是”按钮，保存对外键的定义。

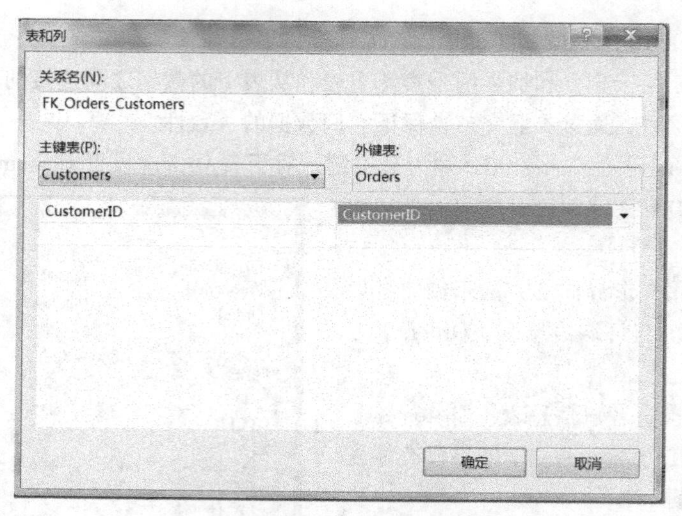

图 2-26 “表和列”对话框

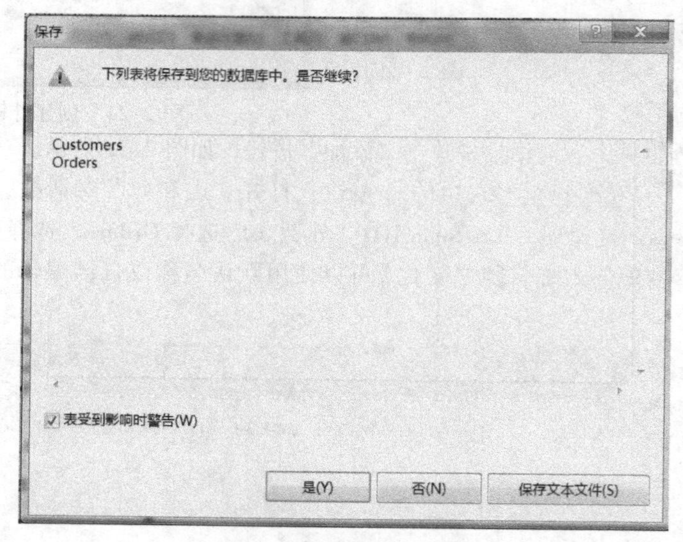

图 2-27 保存表与表之间的关系

【例 2-19】使用 T-SQL 语句为上例创建 FOREIGN KEY 约束。

① 如果 Customers 表中的 CustomerID 列未建立主键约束，则先创建主键约束。

```
ALTER  TABLE  Customers
ADD CONSTRAINT  PK_Customers  PRIMARY  KEY  CLUSTERED(CustomerID)
```

② 为 Orders 表中的 CustomerID 列建立外键约束。

```
ALTER TABLE Orders
ADD CONSTRAINT FK_Orders_Customers FOREIGN KEY (CustomerID)
REFERENCES Customers(CustomerID)
```

【例 2-20】使用 T-SQL 语句删除 Orders 表已经建立的约束（FK_Orders_Customers）。

```
ALTER  TABLE Orders
DROP  CONSTRAINT  FK_Orders_Customers
```

任务二 数据表记录的编辑

表创建以后，往往只是一个没有数据的空表。因此，通过本任务的学习，掌握对表中的数据进行插入、修改和删除等基本操作。

任务描述

本任务将向“天意购物”数据库中的 4 张表添加记录。

（1）客户信息表（Customers），如表 2-2 所示。

（2）商品信息记录（Products），如表 2-3 所示。

（3）购物车信息表（Carts），如表 2-4 所示。

（4）订购信息表（Orders），如表 2-5 所示。

表 2-2 客户信息表（Customers）

客户编号	姓名	密码	电话	地址
100101211	王明	12345678	13101567×××	湖北武汉
301119782	张春花	56789034	17890123×××	天津现代
202000198	李丽	67890123	15107819×××	山西太原
578102356	赵红	23456789	18934567×××	天津海运

表 2-3 商品信息记录（Products）

商品编号	类型	名称	价格（元）
169028667	服装	羽绒服	1000
293269110	清洁用品	洗面奶	78.5
136415234	家用电器	冰箱	2300
121882122	家用电器	电视机	5000
173889025	食品	牛奶	90.55
173889123	食品	咖啡	46.5
293268791	洗化用品	牙膏	45
118041512	图书	网络数据库技术与应用——SQL server 2012	38
293268132	清洁用品	洗衣液	65.3
293268157	清洁用品	洗衣粉	23
293269111	洗化用品	沐浴露	34.5

表 2-4 购物车信息表（Carts）

客户编号	商品编号	购物车编号	商品数量
202000198	293269110	1000112	2
202000198	173889025	1000112	1
578102356	173889123	2001234	3

续表

客户编号	商品编号	购物车编号	商品数量
301119782	121882122	1234501	1
678123456	118041512	2312348	2
212345678	121882122	1122345	1
578102356	118041512	2001234	1
202000198	118041512	1000112	1

表 2-5 订购信息表（Orders）

客户编号	商品编号	订单编号	订单日期	付款日期
202000198	293269110	22567890	2016-1-26	2016-1-30
578102356	173889123	33123456	2016-1-28	2016-1-28
301119782	121882122	55234562	2016-2-28	2016-3-2
678123456	118041512	11659247	2016-1-7	2016-1-8
212345678	121882122	47298451	2016-3-2	2016-3-2

设计过程

步骤一：选择“开始”→“所有程序”→“Microsoft SQL Server 2012”→SQL Server Management Studio 命令，使用“Windows 身份验证”建立连接，进入 SQL Server Management Studio 窗口（简称 SSMS 窗口）。

步骤二：在“对象资源管理器”窗格中依次展开数据库“天意购物”，选择 Customers 表，右击，在弹出的快捷菜单中选择“编辑前 200 行”命令，如图 2-28 所示。

步骤三：在相应列一次输入“100101356”“张晓晓”“65193280”“13687664×××”“天津中德”，按【Enter】键即可，如图 2-29 所示。

图 2-28 编辑前 200 行命令

ZHANGYAN-PC\SQ...dbo.Customers

CustomerID	Name	Password	Telephone	Address
100101211	王明	12345678	13101567×××	湖北武汉
202000198	李丽	67890123	15107819×××	山西太原
212345678	陈晓艳	56712345	13243456×××	上海
301119782	张春花	56789034	17890123×××	天津现代
578102356	赵红	23456789	18934567×××	天津海运
678123456	刘彤	34561234	13567123×××	福建厦门
100101356	张晓晓	65193280	13687664×××	天津中德
NULL	NULL	NULL	NULL	NULL

图 2-29 向 Customers 中插入一行数据

步骤四：添加每条记录都重复步骤三。

步骤五：全部数据输入完毕后，直接关闭编辑窗口即可。

知识背景

一、插入数据

使用 T-SQL 语句向表中插入数据

语法格式如下：

```
INSERT  [INTO] <表名>
[(列名 1,列名 2,…)]
VALUES(数据值 1,数据值 2,…)
```

语句说明：

- INSERT [INTO]：关键字，表示插入。
- VALUES：关键字，引入要插入的数据值列表。

注意：

- INSERT…VALUES 语句一次只能向表中插一条记录；
- 当向表中插入一行完整数据时，可以省略列名，VALUES 后面的值列表与前面的字段列表一一对应，且数据类型要一致。
- 当向表中插入数据的顺序与列顺序不同时，必须写列名。
- 当向表中插入部分数据时，必须写列名。

【例 2-21】向 Products 表中插入表所示的 2 行数据，如表 2-6 所示。

表 2-6 插 入 记 录

商 品 编 号	类 型	名 称	价格（元）
169028554	服装	运动衣	378
293269230	清洁用品	洗发水	36

① 输入第一行数据：

方式一：

```
INSERT Products(ProductID, Type, Description, Price)
VALUES ('169028554','服装','运动衣',378)
```

方式二：

```
INSERT Products(ProductID, Description , Type, Price)
VALUES ('169028554','运动衣','服装',378)
```

② 输入第二行数据：

```
INSERT Products
VALUES ('293269230','清洁用品','洗发水',36)
GO
```

二、修改数据

修改表中数据的方法：一是使用对象资源管理器直接修改表中数据，具体步骤与使用对象资源管理器直接向表中插入数据相同；另一种是使用 T-SQL 语句修改表中的数据，语法格式如下：

```
UPDATE <表名> SET
列名 1=更改的值 1
[列名 2=更改的值 2,[,…]]
[WHERE <条件>]
```

【例 2-22】修改 Customers 表，将客户编号为 100101356 的客户信息的地址改为“天津海运”。

```
USE 天意购物
GO
UPDATE Customers SET
Address='天津海运'
WHERE CustomerID='100101356'
GO
```

三、删除数据

1. 使用对象资源管理器删除表中的数据

【例 2-23】删除 Customers 表中客户编号是 100101356 的客户信息。

步骤一：启动 SQL Server Management Studio，在对象资源管理器中找到数据库并展开。

步骤二：选择 Customer 表，右击，在弹出的快捷菜单中选择“打开表”命令。

步骤三：选定 100101356 行，右击，在弹出的快捷菜单中选择“删除”命令，如图 2-30 所示。

步骤四：在打开的对话框单击“是”按钮，即可完成删除操作。

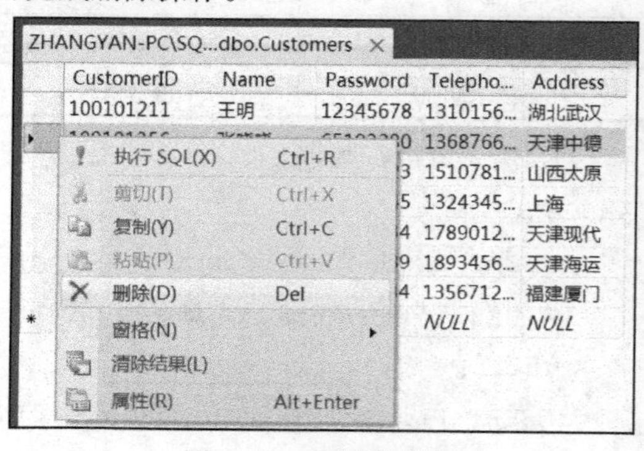

图 2-30　删除数据行

2. 使用 Transact_SQL 语句删除表中的数据

语法格式如下：

```
DELETE  FROM  <表名>
[WHERE <条件>]
```

注意：该语句的功能是删除满足条件的记录。其中 WHERE 子句是可选的，如果不加条件，则删除表中所有记录。

【例 2-24】因为商品下架，所以取消了商品编号为 293268791 的产品信息。

```
USE 天意购物
GO
DELETE  FROM  Products
WHERE ProductID='293268791'
GO
```

执行结果如图 2–31 所示。

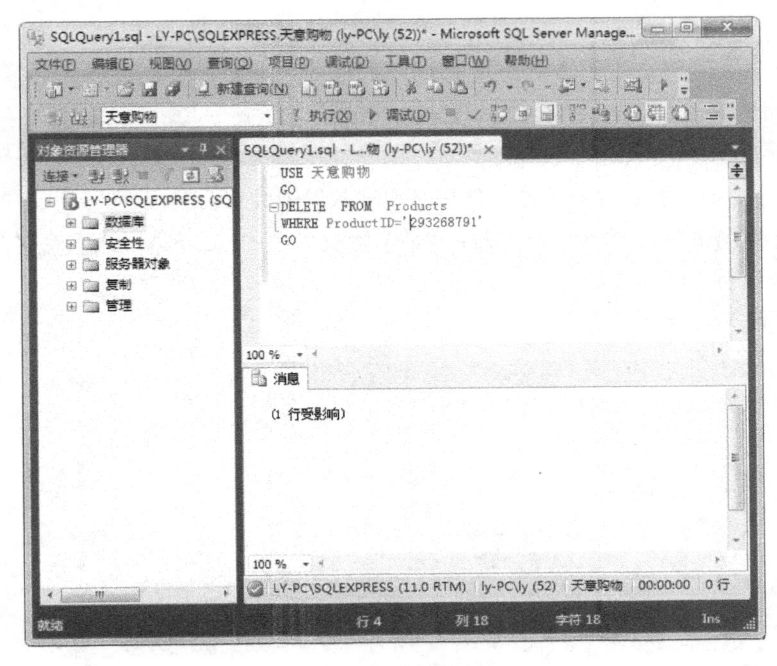

图 2–31 删除记录

任务三 数据表的维护

表创建以后,在使用过程中还需不断维护管理。因此,通过本任务的学习,掌握两种方法重命名、删除数据表。

任务描述

在对象资源管理器中将数据库中的 Customers 表重命名为 Cus。

设计过程

步骤一:启动 SQL Server Management Studio,在对象资源管理器中找到数据库并展开。

步骤二:选择 Customer 表,右击,在弹出的快捷菜单中选择“重命名”命令,如图 2–32 所示。

步骤三:输入新的表名 Cus,按【Enter】键确认。

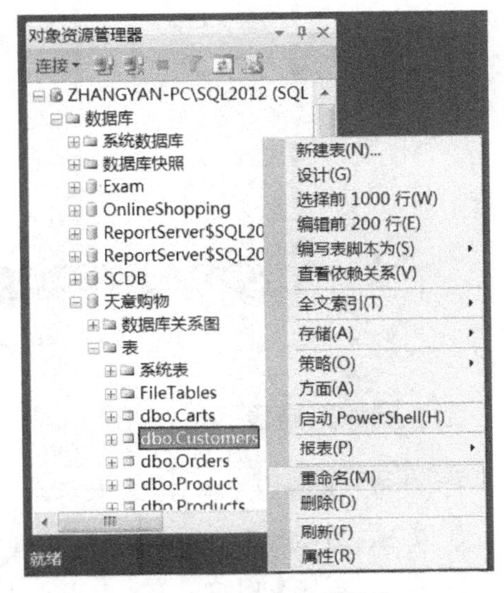

图 2–32 重命名数据表

提示:为保证内容的完整性,完成本例后将表名还原。

知识背景

一、使用T-SQL语句重命名数据表

语法格式如下：

```
EXEC sp_rename <原表名>,<新表名>
```

其中，sp_rename为系统存储过程名称，作用是实现数据表的重命名。

【例2-25】使用T-SQL语句完成“天意购物”数据库中的Customers表重命名为Cus的操作。在查询分析器中运行以下命令：

```
USE 天意购物
GO
EXEC sp_rename 'Customers','Cus'
GO
```

执行结果如图2-33所示。

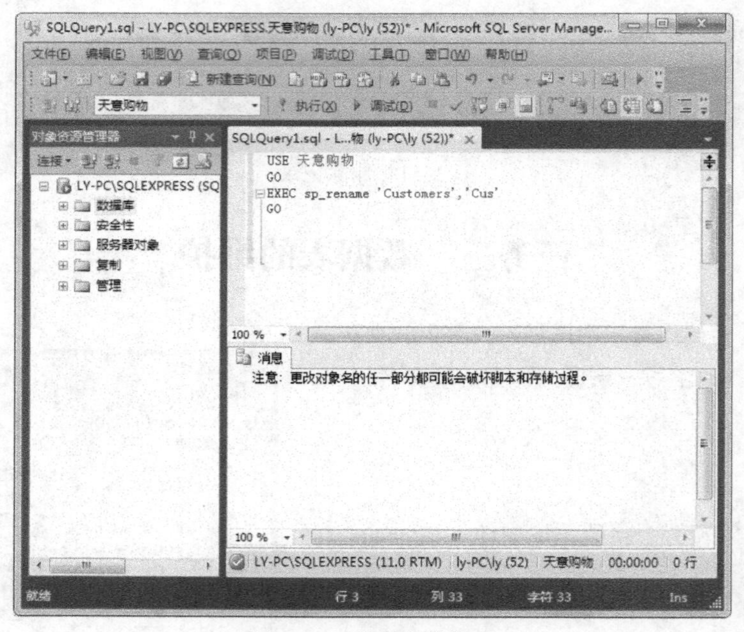

图2-33 重命名数据表

二、删除数据表

1. 使用对象资源管理器删除数据表

步骤一：启动SQL Server Management Studio，在对象资源管理器中找到数据库并展开。

步骤二：选择Customer表，右击，在弹出的快捷菜单中选择“删除”命令（见图2-34），弹出“删除”对象对话框。

步骤三：单击“确定”按钮，删除完成。

提示：为保证内容的完整性，删除后应按原样恢复。

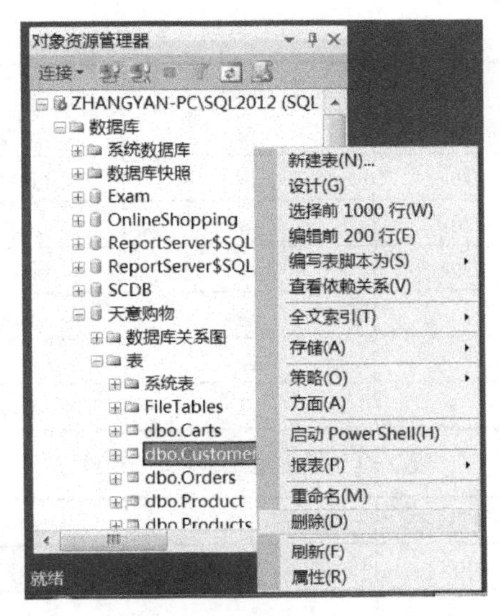

图 2-34 删除数据表

2. 使用 T-SQL 语句删除数据表

基本语法格式如下：

```
DROP  TABLE  <表名>
```

【例 2-26】使用 Transact_SQL 语句删除数据库中的 Customers 表。

```
USE 天意购物
GO
DROP  TABLE  Customers
GO
```

综合实训

1. 创建数据表。学生管理系统数据库包含 3 张数据表：学生信息表（Student）、课程信息表（Course）、学生成绩表（Score）。各表包含的字段、类型、描述信息如表 2-7～表 2-9 所示。

表 2-7 学生信息表（Student）

字段	数据类型	允许为空	描述	主外键
StudentID	Varchar(10)	否	学号	主键
Name	Varchar(20)	是	姓名	
Sex	Varchar(2)	是	性别	
Age	int	是	年龄	
Password	Varchar(20)	否	密码	
Address	Varchar(50)	是	地址	

表 2-8 课程信息表（Course）

字　段	数据类型	允许为空	描　述	主外键
CourseID	Varchar(10)	否	课程编号	主键
CourseName	Varchar(40)	是	课程名称	
Teacher	Varchar(20)	是	教师	
Kind	Varchar(20)	是	课程类别	
CourseTime	Varchar(20)	是	上课时间	
LimiteNum	Int	否	最低开班人数	
RegisterNum	Int	否	报名人数	

表 2-9 学生成绩表（Score）

字　段	数据类型	允许为空	描　述	主外键
StudentID	Varchar(10)	否	学号	复合主键，外键
CourseID	Varchar(10)	否	课程编号	复合主键，外键
Grade	Float	是	成绩	

3 张数据表中记录如表 2-10 ~ 表 2-12 所示。

表 2-10 学生信息表（Student）记录

StudentID	Name	Sex	Password	Age	ClassID	Address
2008001	何国英	女	123456	17	20080101	荆门
2008002	方振	男	123123	16	20080101	荆门
2008003	雷应飞	男	abc123	18	20080101	武汉
2008004	金丹	女	765123	20	20080101	武汉
2008005	秦淼英	女	123	21	20080101	黄冈
2008006	郑静梦	女	123	20	20080101	荆州
2008007	王文波	男	123	19	20080101	宜昌
2008008	邹剑波	男	123	18	20080101	武汉
2008009	汤年华	女	123	18	20080101	武汉
2008010	官勤	男	123	19	20080101	武汉
2008011	张子安	男	123	21	20080101	咸宁
2008012	张舒	女	123	20	20080101	孝感
2008013	陶洋洋	男	123	17	20080101	荆门
2008014	洪临玲	女	123	17	20080101	黄冈
2008015	阿迪娜	女	123	17	20080101	武汉
2008016	娜孜亚	女	123	18	20080101	荆门
2008017	陈应俭	男	123	18	20080101	荆州
2008018	赵颖	女	123	19	20080101	荆州
2008019	程珍珍	女	123	19	20080101	武汉
2008020	林高昂	男	123	19	20080101	荆州

表 2-11 课程信息（Course）表记录

CourseID	CourseName	Teacher	Kind	CourseTime	LimiteNum	RegisterNum
10101	工程测量	孙瑞晨	工程技术	周一 3-4 节	20	16
10103	桥梁工程	黄金宵	工程技术	周一 1-2 节	15	12
10107	道路建筑材料	陈婷婷	工程技术	周二 3-4 节	20	17
20103	仓储与配送管理	陈科	管理	周二 5-6 节	15	26
20106	物流管理	严丽丽	管理	周一 3-4 节	30	36
30106	计算机应用基础	胡灵	计算机	周三 7-8 节	20	31
30107	计算机组装与维护	盛立	计算机	周三 3-4 节	30	36
30108	电工电子技术	吴孝红	计算机	周四 1-2 节	20	28
30214	数据库技术及应用	曾飞燕	计算机	周四 3-4 节	30	33
40103	船舶结构与设备	丁 亮	船舶技术	周五 1-2 节	30	37
51204	园林景观设计	李明华	艺术	周五 3-4 节	20	28
61008	工程机械与液压技术	张世庆	工程技术	周一 3-4 节	30	22

表 2-12 学生成绩（Score）表记录

StudentID	CourseID	Grade
2008001	30106	90
2008002	30107	93
2008003	30108	95
2008004	30106	59
2008005	30106	65
2008006	30106	78
2008007	30106	73
2008008	30106	75
2008009	20106	73
2008010	20106	60
2008011	20106	66
2008012	20103	89
2008013	30106	84
2008014	30106	85
2008015	30106	57
2008016	40103	66
2008017	40103	69
2008018	51204	78
2008019	51204	77
2008020	30106	90

2. 修改数据表:

（1）修改 Course 表，添加 CouAddress 列，数据类型为 varchar，长度为 40，并且不允许为空值。

（2）修改 Student 表，设置 Password 列默认值约束为 123。

（3）修改 Score 表设置设置 Grade 列检查约束，条件为 0～100 之间。

（4）向 Course 中添加一条记录，信息如表 2-13 所示。

表 2-13　添加的信息

CourseID	CourseName	Teacher	Kind	CourseTime	LimiteNum	RegisterNum
30109	计算机网络基础	张蕾	计算机	周三 7-8 节	20	31
30110	计算机组装与维护	吴小明	计算机	周三 3-4 节	30	36

（5）将 Course 表中 CourseID 为 30110 的课程名称改为“数据库应用”。

实现“天意购物”数据库中数据的查询

本任务在实际项目应用中非常广泛，在大部分项目中，无一例外地都需要用到查询功能。网上商城系统中表的查询语句可以说无处不在。本任务主要讲解：数据库的单表查询、多表查询和高级查询。

项目内容：

- 任务一　单表查询。
- 任务二　多表查询。
- 任务三　高级查询。

项目目标：

- 熟练掌握：SQL Server 2012 数据库数据查询中的单表查询和多表查询。
- 掌握：SQL Server 数据库子查询和嵌套查询的用法。
- 了解：查询语句的实际应用领域。

任务一　单表查询

在网站购买物品时，用户可以根据自身的喜好有选择地查找相应的产品信息。这些查询的实现都是通过查询语句完成的。查询分为单表查询、多表查询和嵌套查询等。接下来将完成“天意购物”数据库的商品查询。

任务描述

利用 SSMS 方式，从“天意购物”数据库的 Products 表中查询出所有商品的名称（productname）、类型（type）、价格（price）。

设计过程

步骤一：启动 SQL Server 2012 中的 SQL Server Management Studio 工具，以 Windows 身份验证或 SQL Server 身份验证登录。

步骤二：在 SSMS 窗口的工具栏中，单击“新建查询(N)”按钮，创建一个查询窗口，如图 3-1 所示。

步骤三：在该窗口中输入：

```
USE 天意购物
SELECT ProductID '商品编码', Type '商品类型', Productname '商品名称',
```

```
Price '商品价格'
FROM Products ORDER BY ProductID ASC
```

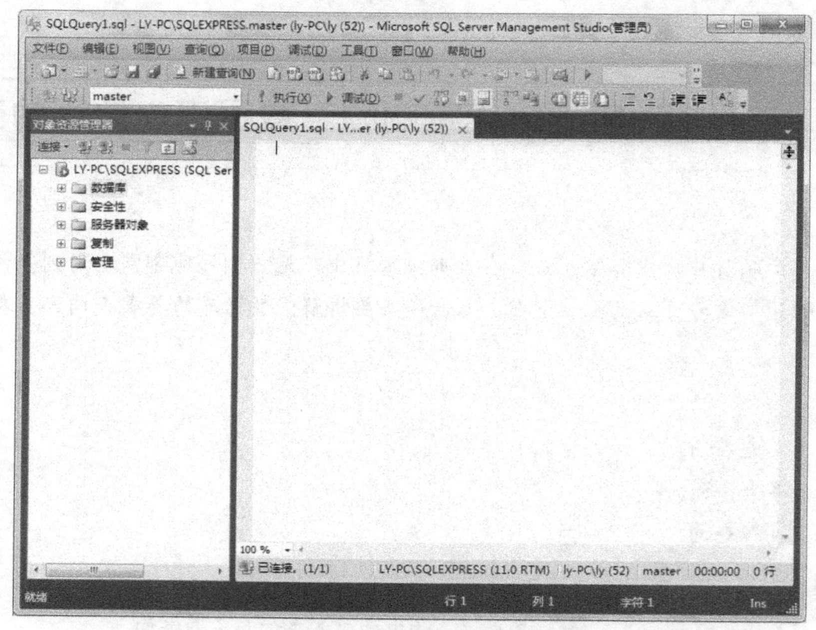

图 3-1 查询编辑器

步骤四：单击工具栏上的“执行”按钮 执行(X) ，执行结果如图 3-2 所示。

SQLQuery1.sql - ...C.天意购物 (sa (51))*

```
USE 天意购物
SELECT ProductID '商品编码', Type '商品类型', Productname '商品名称',
Price '商品价格'
FROM Products ORDER BY ProductID ASC
```

结果 消息

	商品编码	商品类型	商品名称	商品价格
1	118041512	图书	网络数据库技术与应用SQL server 2012	38.0
2	121882122	家用电器	电视机	5000.0
3	136415234	家用电器	冰箱	2300.0
4	169028667	服装	羽绒服	1000.0
5	173889025	食品	牛奶	91.0
6	173889123	食品	咖啡	47.0
7	293268132	清洁用品	洗衣液	65.0
8	293268157	清洁用品	洗衣液	23.0
9	293268791	洗化用品	牙膏	45.0
10	293269110	清洁用品	洗面奶	79.0
11	293269111	洗化用品	沐浴露	35.0

图 3-2 查询结果

知识背景

数据查询是数据库的核心内容之一。数据查询是在数据集中查找到满足给定条件的数据。数据库中的数据查询是通过 SQL（Structured Query Language）中的查询语句 SELECT 实现的。

一、SELECT 语句

查询操作是数据库中一个频繁操作也是重要操作，在 SQL 中提供了 SELECT 数据的查询。例如：

```
SELECT * FROM Products
```

其含义是查询商品信息 Products 表中所有的数据，其中“*”代表所有数据。执行结果如图 3-3 所示。

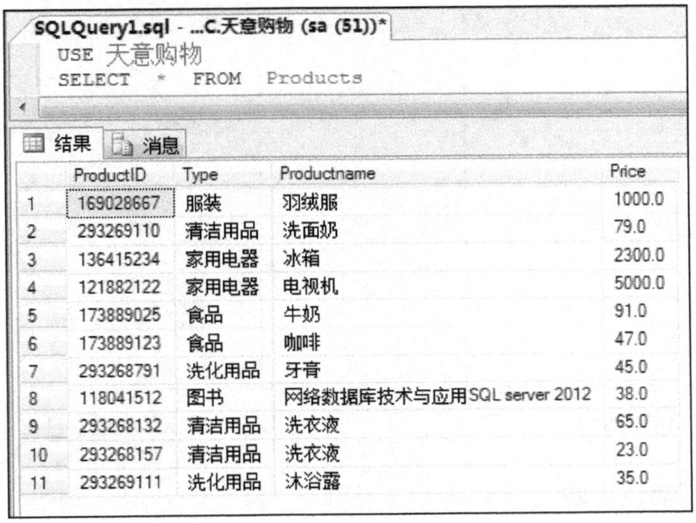

SQLQuery1.sql - ...C.天意购物 (sa (51))*

```
USE 天意购物
SELECT * FROM Products
```

结果 消息

	ProductID	Type	Productname	Price
1	169028667	服装	羽绒服	1000.0
2	293269110	清洁用品	洗面奶	79.0
3	136415234	家用电器	冰箱	2300.0
4	121882122	家用电器	电视机	5000.0
5	173889025	食品	牛奶	91.0
6	173889123	食品	咖啡	47.0
7	293268791	洗化用品	牙膏	45.0
8	118041512	图书	网络数据库技术与应用SQL server 2012	38.0
9	293268132	清洁用品	洗衣液	65.0
10	293268157	清洁用品	洗衣液	23.0
11	293269111	洗化用品	沐浴露	35.0

图 3-3 商品信息查询结果

SELECT 语句的简单查询语法格式如下：

```
SELECT [ ALL | DISTINCT ] 字段列表 FROM <表名>
[ WHERE 条件 ] [ GROUP BY 分组条件 ]
[ HAVING 搜索条件] [ ORDER BY 排序字段 [ ASC | DESC ]
```

语句说明：

- 语言格式中用“[ ]”括起来的部分表示可选，即在语句中根据实际需要选择使用。
- ALL | DISTINCT：用来表示查询结果中是否显示相同记录。
- [ABC | DESC]：用来指定查询结果的排序方式。

注意：在输入 SELECT 语句时，每个单词使用空格隔开，如用“_”表示空格，则查询语句可以表示为 SELECT_*_FROM Products。

二、使用 DISTINCT 消除重复值

在 SELECT 之后使用 DISTINCT，会将搜索到的数据中列值相同的行清除掉。

【例 3-1】 在商品信息 Products 表中搜索商品的类型信息，语句如下：

```
USE 天意购物
SELECT Type FROM Products
```

执行结果如图 3-4 所示，从图中可以看到相同的记录出现多次，使用 DISTINCT 可以取消结

果集中的重复值。语句如下：

```
USE 天意购物
SELECT  DISTINCT  Type  from  Products
```

执行后结果如图 3-5 所示。

图 3-4　商品类型信息

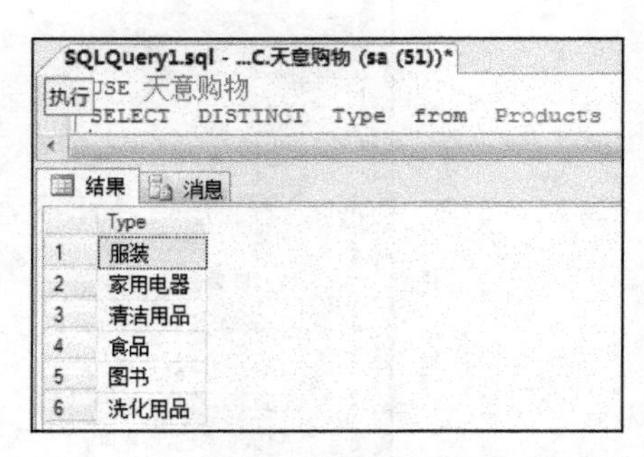

图 3-5　商品类型信息（DISTINCT 关键字）

三、TOP 返回指定行数

TOP 关键字是用来实现只显示查询结果指定的行数的数据。语法格式如下：

```
SELECT  TOP   n  [  *  |  column  ]   FROM   <表名>
```

其含义为查询表中的前 n 行数据，其中“*”代表所有列值，column 代表指定列值。

【例 3-2】查询商品表 Products 中的前 5 行数据。语句如下：

```
USE 天意购物
SELECT  TOP  5  *  from Products
```

执行后的结果如图 3-6 所示。

四、修改查询结果中列的标题

将查询结果的列标题以另外一个名称显示，这个名称称为别名。以别名修改查询结果中列的标题可以采用 3 种方法实现，具体如下所示：

1. 采用符合 ANSI 规则的标准方法

将别名用单引号（英文半角字符）括起来，写在列名的后面。

【例 3-3】使用单引号方式修改字段 ProductID 为'商品编号', Type 为 '商品类型', productname 为 '商品名称', Price 为'商品价格'的显示输出。

```
USE 天意购物
SELECT ProductID '商品编号', Type '商品类型', productname '商品名称',
Price '商品价格' from Products
```

执行结果图 3-7 所示。

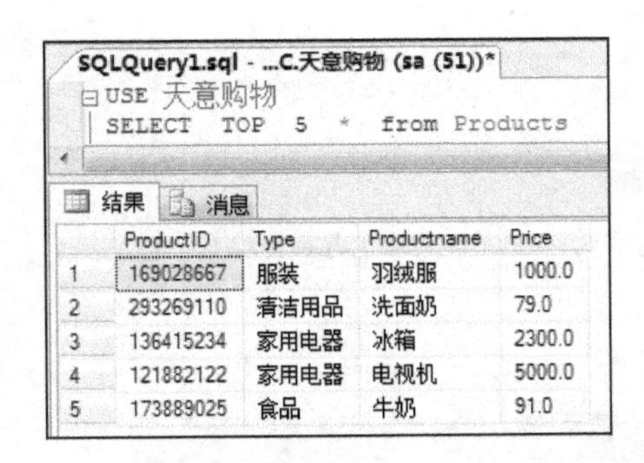

	ProductID	Type	Productname	Price
1	169028667	服装	羽绒服	1000.0
2	293269110	清洁用品	洗面奶	79.0
3	136415234	家用电器	冰箱	2300.0
4	121882122	家用电器	电视机	5000.0
5	173889025	食品	牛奶	91.0

图 3-6　查询商品信息表的前 5 行数据

SQLQuery1.sql - ...C.天意购物 (sa (51))*

```
USE 天意购物
SELECT ProductID '商品编号', Type '商品类型',
productname '商品名称', Price '商品价格' from Products
```

结果　消息

	商品编号	商品类型	商品名称	商品价格
1	169028667	服装	羽绒服	1000.0
2	293269110	清洁用品	洗面奶	79.0
3	136415234	家用电器	冰箱	2300.0
4	121882122	家用电器	电视机	5000.0
5	173889025	食品	牛奶	91.0
6	173889123	食品	咖啡	47.0
7	293268791	洗化用品	牙膏	45.0
8	118041512	图书	网络数据库技术与应用SQL server 2012	38.0
9	293268132	清洁用品	洗衣液	65.0
10	293268157	清洁用品	洗衣液	23.0
11	293269111	洗化用品	沐浴露	35.0

图 3-7　列标题名称的修改

2. 使用“=”符号连接表达式

将别名用单引号（英文半角字符）括起来，写在等号的前面，再将查询的列名写在等号的后面。

【例 3-4】使用“=”方式修改字段 ProductID 为'商品编号', Type 为 '商品类型', productname 为 '商品名称', Price 为'商品价格'的显示输出。

```
USE 天意购物
SELECT '商品编号'=ProductID, '商品类型'=Type ,
'商品名称'= productname, '商品价格'=Price
from Products
```

执行结果同图 3-7 所示。

3. 使用 AS 连接表达式和别名

【例 3-5】使用 AS 方式修改字段 ProductID 为'商品编号', Type 为 '商品类型', productname 为 '商品名称', Price 为'商品价格'的显示输出。

```
USE 天意购物
Select ProductID As '商品编号', Type AS '商品类型',
 productname AS '商品名称', Price AS '商品价格'
from Products
```

执行结果同图 3-7 所示。

注意：

- 在 SQL Server 2012（确切是 2008 及其以后版本）中，当引用中文别名时，可以使用空格隔开而不加引号，但是当加引号时，一定是英文半角字符，否则会出错。
- 这 3 种方法可以在一条命令中同时使用，得到的结果相同。

五、在查询结果中显示字符串

在一些查询结果中，如果需要增加一些字符串，可以将要添加的字符串用单引号括起来，和列名放在一起，用空格隔开使用。

【例 3-6】查询商品信息表 Products，要得到查询结果为：

```
商品名称              商品价格
羽绒服        人民币 1000.00
...
```

则可以在查询窗口中输入命令如下：

```
USE 天意购物
Select productname AS '商品名称', '人民币', Price AS '商品价格'
from Products
```

执行结果如图 3-8 所示。

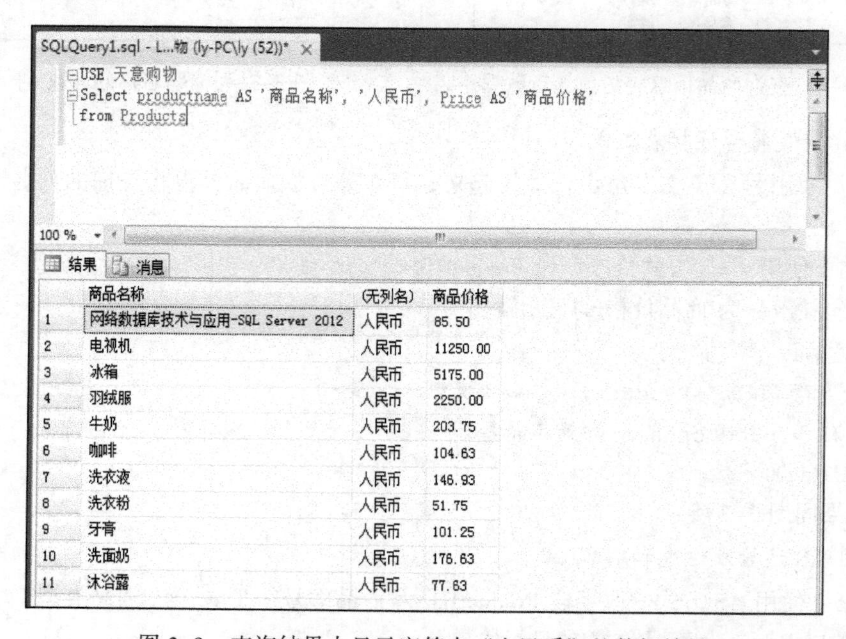

图 3-8 查询结果中显示字符串“人民币”的数据结果

六、使用 WHERE 子句限制查询条件

在对数据库查询时，用户只需要显示满足某些条件关系的数据，此时可以使用 WHERE 子句指定条件关系。WHERE 子句的条件关系可以为以下几种：

1. 比较关系

运用比较运算符可以实现对条件关系的限定。常用的比较关系运算符有：=（等于）、>（大于）、>=（大于等于）、<（小于）、<=（小于等于）、<>（不等于）和！=（不等于）。

【例 3-7】查询数据库天意购物的购物车信息表 Cards 中商品数量大于等于 2 的商品编号。

在查询窗口中输入命令如下：

```
USE 天意购物
SELECT ProductID '商品编号', Quantity '商品数量'
FROM Carts WHERE Quantity>=2
```

执行结果如图 3–9 所示。

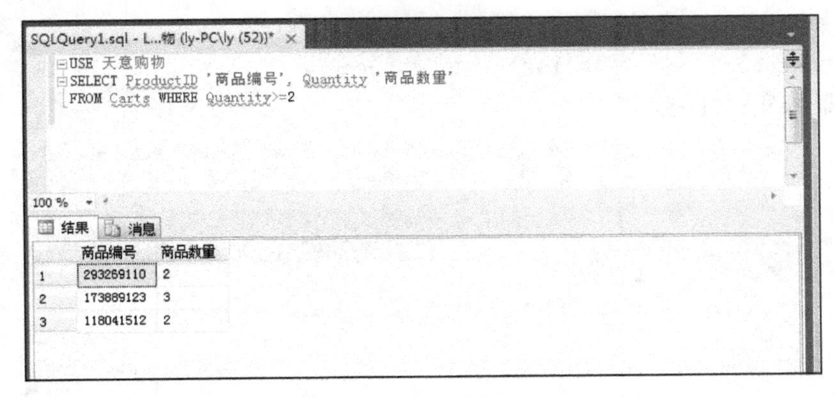

图 3–9　购买信息表中购买数量超过 1 次的商品编号

【例 3–8】查询数据库天意购物的商品信息表 Products 中商品类别为“家用电器”的商品信息。在查询窗口中输入命令如下，执行结果如图 3–10 所示。

```
USE 天意购物
SELECT *  FROM  Products
WHERE  Type  =  '家用电器'
```

图 3–10　查询指定商品类别的信息

提示：在 SQL Server 2012 中，比较运算符几乎可以连接所有的数据类型，但要求运算符两侧的数据类型必须一致。如果数据类型不作为数字类型处理时，一定要将运算符后面的文字用单引号括起来。例如：例 3–8 中的商品类别是 varchar 类型，所以在等号后输入带有引号的“'”家用电器。

2. 逻辑关系

逻辑运算符一般用于连接多个查询条件。常用的逻辑运算符有 AND（与）、OR（或）和 NOT（非）。具体含义如下：

（1）AND：连接的所有条件均成立时，返回结果集。

（2）OR：连接的条件中任意一个成立时，返回结果集。

（3）NOT：条件不成立时，返回结果集。

【例 3–9】查询数据库天意购物的购物车信息 Carts 中用户编号为 202000198，且商品数量超过 1 件的商品信息。查询窗口中输入命令如下：

```
USE 天意购物
SELECT * FROM Carts
WHERE CustomerID ='202000198' AND Quantity > 1
```

执行结果如图 3-11 所示。

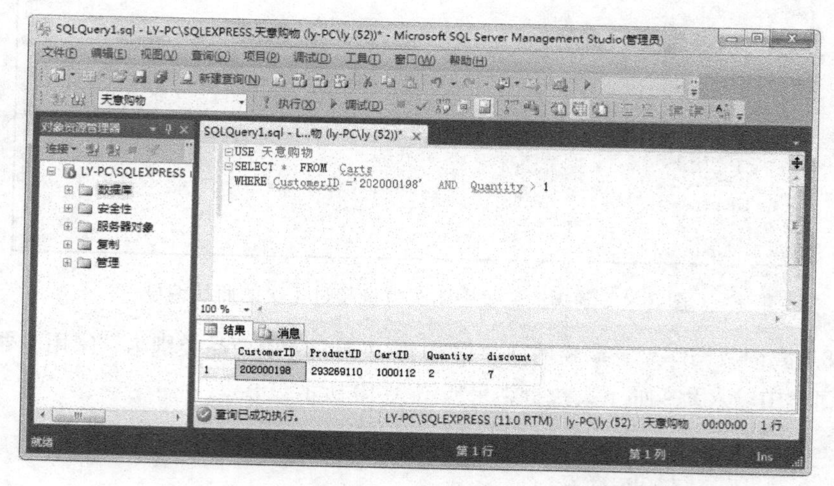

图 3-11　使用 AND 运算符查询用户信息结果

【例 3-10】查询数据库天意购物的购物车信息 Carts 中商品购买数量不是 1 的商品编号。在查询窗口中输入命令如下：

```
USE 天意购物
SELECT * FROM Carts
WHERE NOT Quantity = 1
```

执行结果如图 3-12 所示。

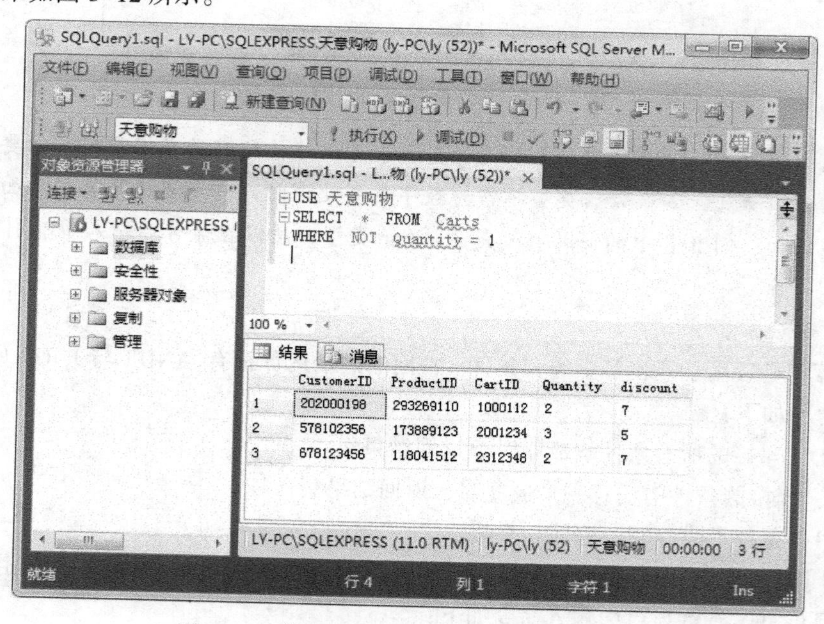

图 3-12　使用 NOT 运算符查询购物车信息

3. 区域范围

区域范围运算符主要用于获得在指定范围内的数据信息，主要的区域运算符包括 BETWEEN...AND 和 NOT BETWEEN...AND。

（1）BETWEEN...AND：在指定范围内时，返回结果集。

（2）NOT BETWEEN...AND：不在指定范围内时，返回结果集。

【例 3-11】查询数据库天意购物的订单表 Orders 中的下单时间在 2016-01-01—2016-01-30 之间的订单信息。在查询窗口中输入命令如下：

```
USE 天意购物
SELECT  *  FROM  Orders
where  OrderDate
between '2016-01-01' and '2016-01-30'
```

执行结果如图 3-13 所示。

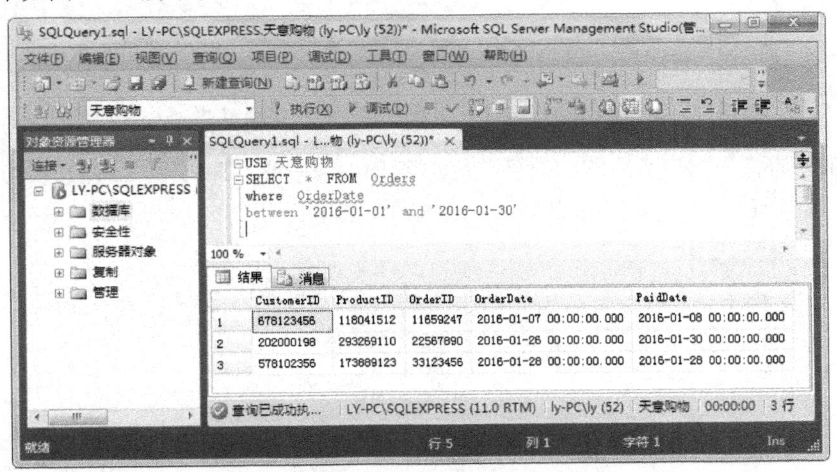

图 3-13　BETWEEN...AND 运算符查询订单信息

4. 列表

列表运算符主要用于获得在指定集合的列表值范围内的数据信息，主要的运算符包括 IN 和 NOT IN。

（1）IN：在指定集合的列表值范围内时，返回结果集。

（2）NOT IN：不在指定集合的列表值范围内时，返回结果集。

其中，在列表值的集合中，多个列表值之间使用逗号（英文半角字符）隔开。

【例 3-12】查询数据库天意购物的订单信息表 Orders 中商品编码 ProductID 是 293269110、173889123 和 121882122 的用户编码等信息。在查询窗口中输入命令如下：

```
USE 天意购物
SELECT  CustomerID '客户编码', OrderDate '下单时间'
FROM  Orders
WHERE ProductID IN( 293269110, 173889123, 121882122)
```

执行结果如图 3-14 所示。

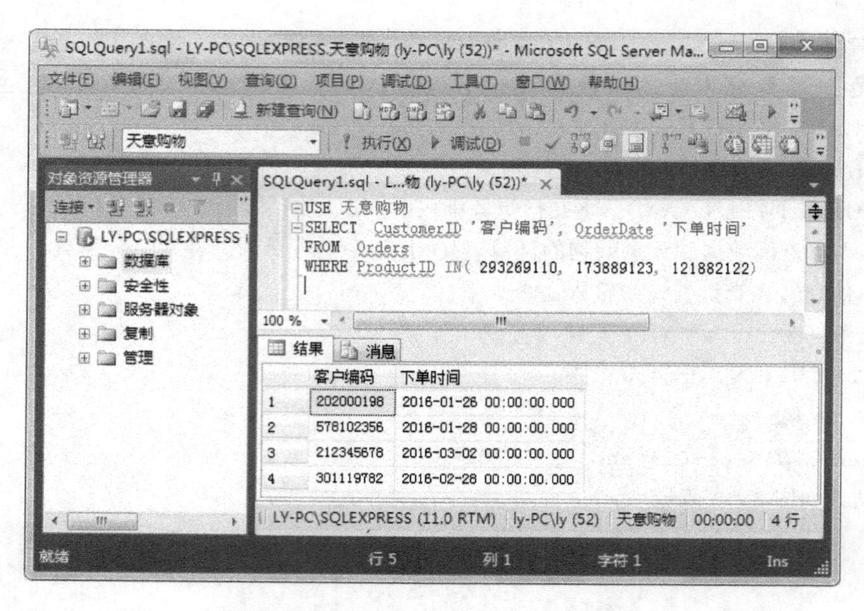

图 3-14 使用 IN 运算符查询用户信息结果

【例 3-13】查询数据库天意购物的订单信息表 Orders 中商品编码不是 293269110、173889123 的客户编码和下单时间信息。在查询窗口中输入命令如下：

```
USE 天意购物
SELECT CustomerID '客户编码', OrderDate '下单时间'  FROM Orders
WHERE ProductID NOT IN( 293269110, 173889123)
```

执行结果如图 3-15 所示。

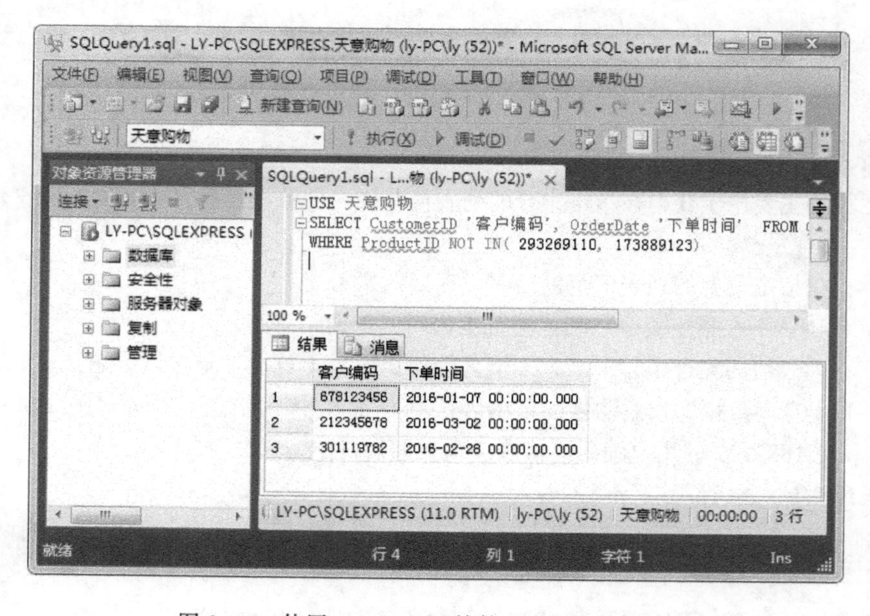

图 3-15 使用 NOT IN 运算符查询用户信息结果

七、使用 Like 查询与给定某些字符串匹配的数据

在获得数据信息时，有时不是确定的值，而是某类模糊的值，如查询用户账户信息中包括部分字符串为"ang"的信息，用上面介绍的方法不能解决这样的问题，这里采用 LIKE 实现该查询。

在 WHERE 子句中使用 LIKE 对数据库中数据进行模糊查询。在 SQL Server 2012 中通常采用通配符连同字符或字符串一起用单引号（英文半角字符）括起来使用，常用的通配符包括两种：

（1）%：表示任意长度的字符串。

（2）_：表示任意单个字符，该符号为英文半角字符的下画线。

这两种通配符可以单独使用，也可以结合使用。

【例 3-14】查询数据库天意购物的商品信息表 Products 中商品信息中包括字符串“用品”的商品信息。

在查询窗口中输入命令如下：

```
USE 天意购物
SELECT  *  FROM Products
WHERE  Type  LIKE '%用品%'
```

执行结果如图 3-16 所示。

【例 3-15】查询数据库天意购物的商品信息表 Products 中商品以任意两个字符开头，且包括“用”的商品信息。在查询窗口中输入命令如下：

```
USE 天意购物
SELECT  *  FROM  Products
WHERE  Type  LIKE '_ _用%'
```

执行结果如图 3-17 所示。

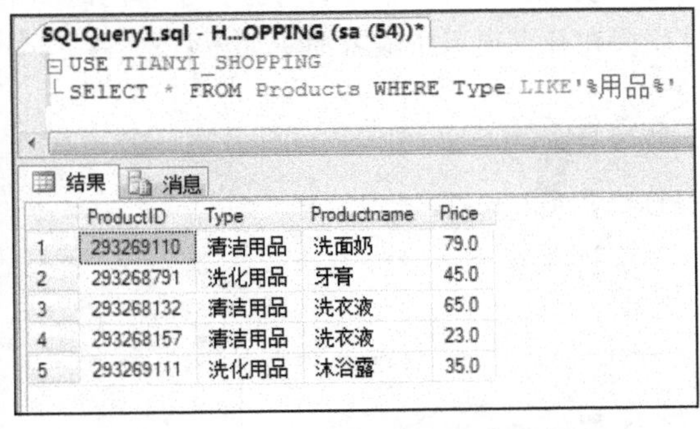

	ProductID	Type	Productname	Price
1	293269110	清洁用品	洗面奶	79.0
2	293268791	洗化用品	牙膏	45.0
3	293268132	清洁用品	洗衣液	65.0
4	293268157	清洁用品	洗衣液	23.0
5	293269111	洗化用品	沐浴露	35.0

图 3-16　通配符%模糊查询商品信息

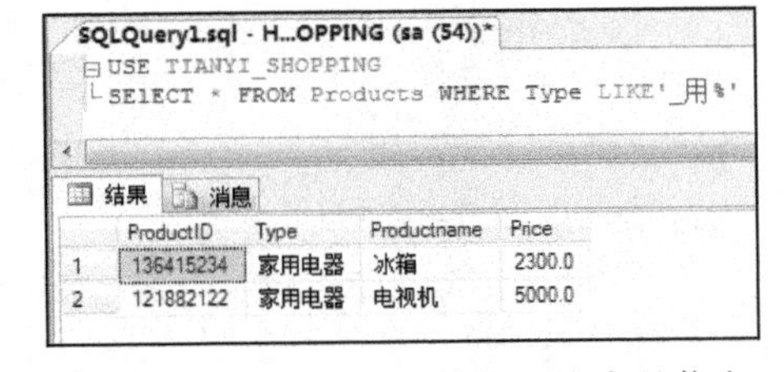

	ProductID	Type	Productname	Price
1	136415234	家用电器	冰箱	2300.0
2	121882122	家用电器	电视机	5000.0

图 3-17　通配符_和%模糊查询商品信息

八、ORDER BY 对查询结果排序

用户在使用数据库对数据查询时，数据所呈现的结果顺序往往不能完全满足用户的需求。SQL Server 数据库的 SELECT 语句为用户提供了 ORDER BY 子句，用户可以根据需要对查询的结果进行某种排序。

ORDER　BY 子句可以实现对数据的排序，通常在使用时与 ASC 和 DESC 一起使用。

（1）ASC：表示升序。

（2）DESC：表示降序。

【例 3-16】查询数据库天意购物的订单信息表 Order 中订单信息，并按照下单的时间依次显示。在查询窗口中输入命令如下：

```
USE 天意购物
SELECT OrderId '订单号', CustomerID '客户编码',
ProductID '商品编码', OrderDate '下单时间', PaidDate '付款时间'
FROM Orders ORDER BY OrderDate ASC
```

执行结果如图 3-18 所示。

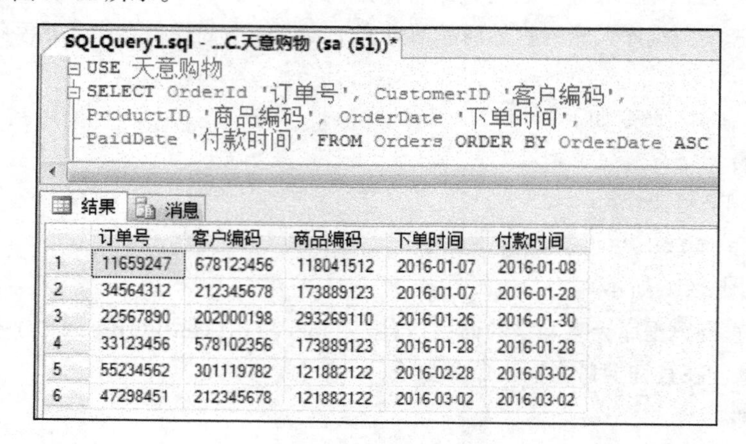

	订单号	客户编码	商品编码	下单时间	付款时间
1	11659247	678123456	118041512	2016-01-07	2016-01-08
2	34564312	212345678	173889123	2016-01-07	2016-01-28
3	22567890	202000198	293269110	2016-01-26	2016-01-30
4	33123456	578102356	173889123	2016-01-28	2016-01-28
5	55234562	301119782	121882122	2016-02-28	2016-03-02
6	47298451	212345678	121882122	2016-03-02	2016-03-02

图 3-18 使用 ORDER BY 子句查询

运用 ORDER BY 可以实现同时对多个属性列进行排序。

【例 3-17】查询数据库天意购物的订单表 Order 表中查询订单信息，并按照下单的时间由早到晚显示，如果下单时间相同再按照付款时间排序。在查询窗口中输入命令如下：

```
USE 天意购物
SELECT OrderId '订单号', CustomerID '客户编码',
ProductID '商品编码', OrderDate '下单时间', PaidDate '付款时间'
FROM Orders ORDER BY OrderDate ASC, PaidDate DESC
```

执行结果如图 3-19 所示。

SQLQuery1.sql - ...C.天意购物 (sa (51))*

```
USE 天意购物
SELECT OrderId '订单号', CustomerID '客户编码',
ProductID '商品编码', OrderDate '下单时间',
PaidDate '付款时间' FROM Orders ORDER BY OrderDate ASC, PaidDate DESC
```

结果 消息

	订单号	客户编码	商品编码	下单时间	付款时间
1	34564312	212345678	173889123	2016-01-07	2016-01-28
2	11659247	678123456	118041512	2016-01-07	2016-01-08
3	22567890	202000198	293269110	2016-01-26	2016-01-30
4	33123456	578102356	173889123	2016-01-28	2016-01-28
5	55234562	301119782	121882122	2016-02-28	2016-03-02
6	47298451	212345678	121882122	2016-03-02	2016-03-02

图 3-19 使用 ORDER BY 子句查询多列用户信息

九、HAVING 限定组或聚合函数的查询条件

1. HAVING 子句

HAVING 子句是实现限定组的查询，类似于 WHERE 子句查询。

HAVING 子句与 WHERE 子句的区别：

（1）WHERE 子句查询限定于行的查询，而 HAVING 子句查询实现统计组的查询。

（2）HAVING 子句通常和 GROUP BY 一起使用，后面可以跟统计函数，而 WHERE 子句不可以。

【例 3-18】查询数据库天意购物的订单表 Order 中购买日期大于'2016-01-31'的订单编号和付款时间信息。查询窗口中输入命令如下：

```
USE 天意购物
SELECT OrderId '订单号', PaidDate '付款时间'
FROM Orders
Group BY OrderID, PaidDate
Having PaidDate > '2016-01-31'
```

执行结果如图 3-20 所示。

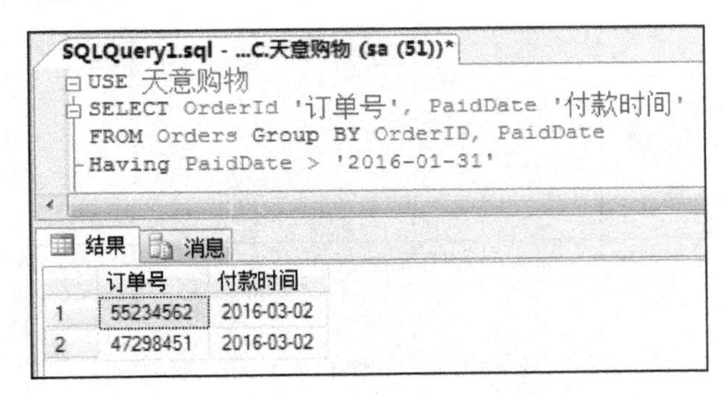

图 3-20　使用 HAVING 子句查询订单信息

2. 聚合函数

聚合函数可以对一组值计算后返回单个值。所有的聚合函数均为确定性函数，无二义性。常用的聚合函数包括：SUM()、AVERAGE()、COUNT()、MAX()和 MIN()等。

（1）SUM 函数：用于计算精确型或近似型数据类型的和值，忽略 null 值，但不能用于 bit 列。

语法格式：

```
SUM([ALL|DISTINCT] expression)
```

其中，ALL 和 DISTINCT 同 SELECT 查询语句中的含义；表达式 expression 的内部不允许使用子查询和其他聚合函数。

【例 3-19】查询数据库天意购物中商品表 Products 中所有商品的总价格。在查询窗口中输入命令如下：

```
USE 天意购物
SELECT SUM(Price) AS '价格总和'
```

```
FROM Products
```

执行结果如图 3-21 所示。

图 3-21 使用 SUM 函数得到所有商品的价格总和

（2）平均值函数（AVG）：用于计算精确型或近似型数据类型的平均值。除 bit 类型外，忽略 NULL 值。

语法格式：

```
AVG([ALL|DISTINCT] expression)
```

其中的参数要求同 SUM()函数。

【例 3-20】查询数据库天意购物中商品表 Products 中所有商品的平均价格。在查询窗口中输入命令如下：

```
USE 天意购物
SELECT AVG(Price) AS '平均价格'
FROM Products
```

执行结果如图 3-22 所示。

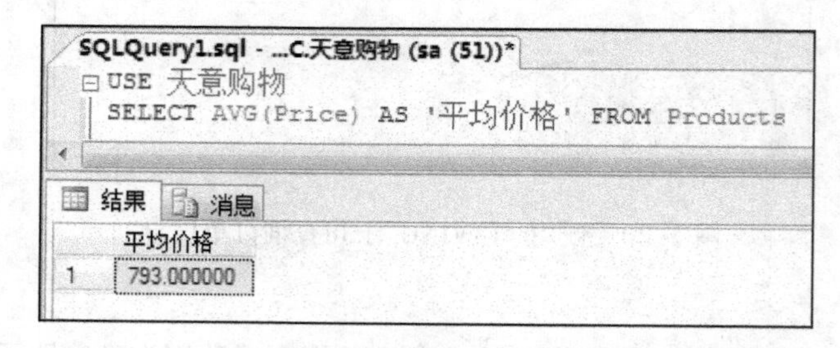

图 3-22 使用 AVG 函数得到所有商品的平均价格

（3）统计项函数 COUNT()：用于计算满足条件的数据项数，返回 int 数据类型的值。

语法格式：

```
COUNT([[ALL|DISTINCT] expression]|*)
```

语句说明：

- COUNT(*)：表示返回所有的项数，包括 NULL 值和重复项。
- COUNT(ALL expression)：表示返回非空的项数，包括重复项。
- COUNT(DISTINCT expression)：表示返回唯一非空的项数，即不包括重复项。

【例 3-21】查询数据库天意购物中订单表 Orders 表中的总订单数。在查询窗口中输入命令如下：

```
USE 天意购物
SELECT COUNT(*)  AS '订单总数'
FROM Orders
```

执行结果如图 3-23 所示。

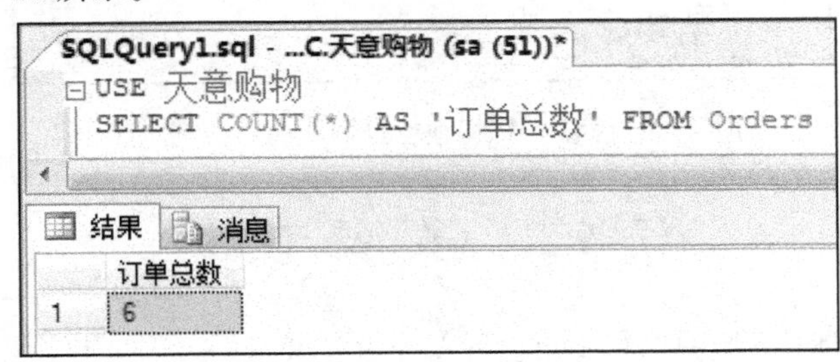

图 3-23　使用 COUNT 函数得到总订单数

（4）MAX()函数和 MIN()函数：MAX()函数用于计算最大值、MIN()函数用于计算最小值。这两个函数都忽略 null 值，都可以用于 numeric、char、varchar、money、smallmoney 或 datetime 列，但不能用于 bit 列。 MAX()和 MIN()函数的语法格式分别为：

```
MAX([ALL|DISTINCT] expression)
MIN([ALL|DISTINCT] expression)
```

其中的参数要求同 SUM()或 AVG()函数。

【例 3-22】查询数据库天意购物的商品表 Products 中所有商品的最高价格。在查询窗口中输入命令如下：

```
USE 天意购物
SELECT MAX(Price) AS '最高价格'
FROM Products
```

执行结果如图 3-24 所示。

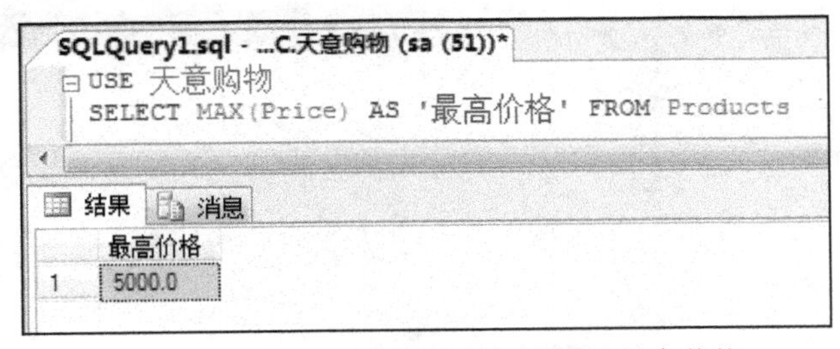

图 3-24　使用 MAX 函数得到商品的最高价格

【例 3-23】查询数据库天意购物的商品表 Products 中所有商品的最低价格。在查询窗口中输入命令如下：

```
USE 天意购物
SELECT MIN(Price) AS '最低价格'
FROM Products
```

执行结果如图 3-25 所示。

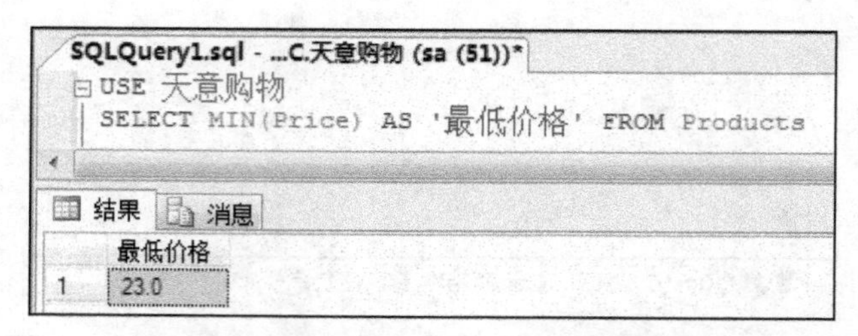

图 3-25 使用 MIN()函数得到商品的最低价格

任务二 多表查询

在“天意购物”网上商城中，主要角色可以分为卖家和买家。如果卖家想查询购买他的商品的用户信息，或者卖家想查询商品的订单信息，可以根据需要输入用户信息获得相关数据。

任务描述

利用 SSMS 方式，从“天意购物”数据库的 Products、Customers、order 表中查询客户购买商品信息，要求包括客户名（name），所购商品的名称（productname）、价格（price）及订购日期（orderdate）。

设计过程

步骤一：启动 SQL Server 2012 中的 SQL Server Management Studio 工具，以 Windows 身份验证或 SQL Server 身份验证登录。

步骤二：在 SSMS 窗口的工具栏中，单击 新建查询(N) 按钮，创建一个查询窗口，如图 3-26 所示。

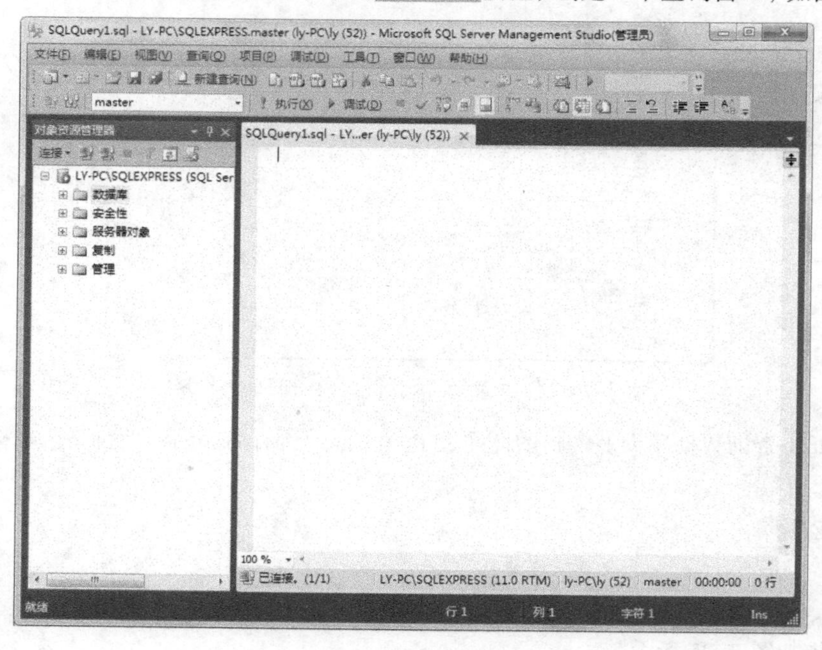

图 3-26 查询编辑器

步骤三：在该窗口中输入下列代码，完成多表查询。

```
USE 天意购物
SELECT P.ProductID '商品编码', P.Productname '商品名称', P.Price '商品价格',
O.OrderDate '下单时间'
FROM Products  P  INNER  JOIN  Orders  O  ON P.ProductID = O.ProductID
```

步骤四：单击工具栏上的 执行(X) 按钮，执行结果如图 3-27 所示。

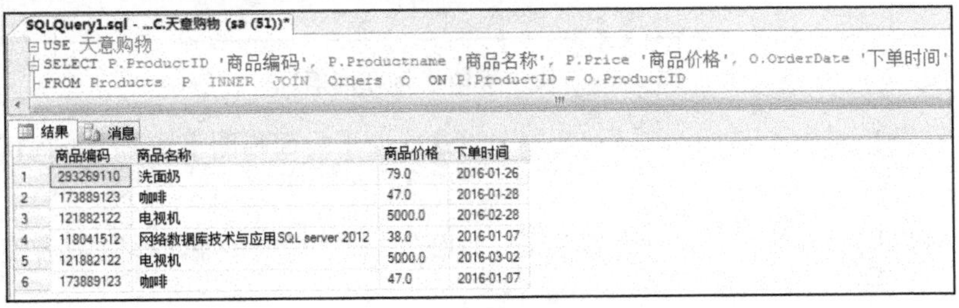

SQLQuery1.sql - ...C.天意购物 (sa (51))*

```
USE 天意购物
SELECT P.ProductID '商品编码', P.Productname '商品名称', P.Price '商品价格', O.OrderDate '下单时间'
FROM Products  P  INNER  JOIN  Orders  O  ON P.ProductID = O.ProductID
```

结果　消息

	商品编码	商品名称	商品价格	下单时间
1	293269110	洗面奶	79.0	2016-01-26
2	173889123	咖啡	47.0	2016-01-28
3	121882122	电视机	5000.0	2016-02-28
4	118041512	网络数据库技术与应用SQL server 2012	38.0	2016-01-07
5	121882122	电视机	5000.0	2016-03-02
6	173889123	咖啡	47.0	2016-01-07

图 3-27　多表查询结果

知识背景

在数据库中，各个表都存在着直接或间接的联系，为方便数据的存储和管理，同时考虑到数据库中表的操作效率等问题，往往采用外键关联各个数据表。当用户对数据库中的数据进行查询时，往往一张数据表的信息不够，此时需要两张甚至更多的数据表信息，因此多表查询在数据库的查询操作中普遍存在。

在数据库中的多表查询包括以下几种：

一、内连接查询

内连接查询通常使用比较运算符对各个表中的数据进行比较操作，并列出各个表中与条件相匹配的所有数据行。

一般使用 INNER JOIN 或者 JOIN 关键字进行连接。语句格式如下：

```
SELECT 字段列表
FROM 表1 [INNER] JOIN 表2 [ON 连接条件]
[WHERE 搜索条件]
[ORDER BY 排序表达式 [ASC|DESC]]
```

内连接通常分为等值连接、非等值连接和自然连接。

1. 等值连接

等值连接使用比较运算符“=”连接比较的列，将列值相等的所有数据显示出来，包括重复列。

【例 3-24】查询数据库天意购物的用户表 Customers 和订单表 Orders 中的所有数据信息。采用等值连接的方法，在查询窗口中输入如下命令：

```
USE 天意购物
SELECT * FROM Customers C INNER JOIN Orders O
```

```
ON C.CustomerID = O.CustomerID
```

执行结果如图 3-28 所示。

结果 消息

	CustomerID	Name	Password	Telephone	Address	OrderID	CustomerID	ProductID	OrderDate	PaidDate
1	301119782	张春花	56789034	1789012×××	天津现代	55234562	301119782	121882122	2016-02-28	2016-03-02
2	202000198	李丽	67890123	1510781×××	山西太原	22567890	202000198	293269110	2016-01-26	2016-01-30
3	578102356	赵红	23456789	1893456×××	天津海运	33123456	578102356	173889123	2016-01-28	2016-01-28
4	212345678	陈晓艳	56712345	1324345×××	上海	47298451	212345678	121882122	2016-03-02	2016-03-02
5	212345678	陈晓艳	56712345	1324345×××	上海	34564312	212345678	173889123	2016-01-07	2016-01-28
6	678123456	刘彤	34561234	1356712×××	福建厦门	11659247	678123456	118041512	2016-01-07	2016-01-08

图 3-28 使用等值连接查询信息

上述命令中“C”为用户表 Customers 的别名，这样便于后面指明字段 CustomerID 属于哪张表。

2. 非等值连接

非等值连接使用除等号以外的比较运算符，如“>”“>=”“<”“<=”和“<>”，或者使用 BETWEEN 连接列值。

【例 3-25】查询数据库天意购物的用户表 Customers 和订单表 Orders 中的所有数据信息中的“用户编号”不相同的数据信息。采用不等值的连接方法，在查询窗口中输入如下命令：

```
USE 天意购物
SELECT * FROM Customers C INNER JOIN Orders O
ON C.CustomerID <> O.CustomerID
```

执行结果如图 3-29 所示。

结果 消息

	CustomerID	Name	Password	Telephone	Address	OrderID	CustomerID	ProductID	OrderDate	PaidDate
1	100101211	王明	12345678	1310156×××	湖北武汉	22567890	202000198	293269110	2016-01-26	2016-01-30
2	301119782	张春花	56789034	1789012×××	天津现代	22567890	202000198	293269110	2016-01-26	2016-01-30
3	578102356	赵红	23456789	1893456×××	天津海运	22567890	202000198	293269110	2016-01-26	2016-01-30
4	212345678	陈晓艳	56712345	1324345×××	上海	22567890	202000198	293269110	2016-01-26	2016-01-30
5	678123456	刘彤	34561234	1356712×××	福建厦门	22567890	202000198	293269110	2016-01-26	2016-01-30
6	100101211	王明	12345678	1310156×××	湖北武汉	33123456	578102356	173889123	2016-01-28	2016-01-28
7	301119782	张春花	56789034	1789012×××	天津现代	33123456	578102356	173889123	2016-01-28	2016-01-28
8	202000198	李丽	67890123	1510781×××	山西太原	33123456	578102356	173889123	2016-01-28	2016-01-28
9	212345678	陈晓艳	56712345	1324345×××	上海	33123456	578102356	173889123	2016-01-28	2016-01-28
10	678123456	刘彤	34561234	1356712×××	福建厦门	33123456	578102356	173889123	2016-01-28	2016-01-28
11	100101211	王明	12345678	1310156×××	湖北武汉	55234562	301119782	121882122	2016-02-28	2016-03-02
12	202000198	李丽	67890123	1510781×××	山西太原	55234562	301119782	121882122	2016-02-28	2016-03-02
13	578102356	赵红	23456789	1893456×××	天津海运	55234562	301119782	121882122	2016-02-28	2016-03-02
15	678123456	刘彤	34561234	1356712×××	福建厦门	55234562	301119782	121882122	2016-02-28	2016-03-02
16	100101211	王明	12345678	1310156×××	湖北武汉	11659247	678123456	118041512	2016-01-07	2016-01-08
17	301119782	张春花	56789034	1789012×××	天津现代	11659247	678123456	118041512	2016-01-07	2016-01-08
18	202000198	李丽	67890123	1510781×××	山西太原	11659247	678123456	118041512	2016-01-07	2016-01-08
19	578102356	赵红	23456789	1893456×××	天津海运	11659247	678123456	118041512	2016-01-07	2016-01-08

查询已成功执行。 HP-PC (10.50 RTM) | sa (55) | TIANYI_SHOPPING | 00:00:00 | 30 行

图 3-29 使用非等值连接查询信息

注意：在多张表中使用同名字段，必须指明这个同名字段属于哪张表，如 C.userID 代表 userID 字段属于 Customers 表。

3. 自然连接

消除掉等值连接中的重复列即为自然连接。

【例 3-26】查询数据库天意购物的用户表 Customers 和订单表 Orders 中的“用户编号”“用户姓名”和“商品编号”等数据信息。采用自然连接的方法，在查询窗口中输入如下命令：

```
USE 天意购物
SELECT C.CustomerID '用户编号', C.Name '用户姓名',
O.ProductID '商品编号', O.OrderDate '下单时间'
FROM Customers C INNER JOIN Orders O
ON C.CustomerID = O.CustomerID
```

执行结果如图 3-30 所示。

结果 消息

	用户编号	用户姓名	商品编号	下单时间
1	301119782	张春花	121882122	2016-02-28
2	202000198	李丽	293269110	2016-01-26
3	578102356	赵红	173889123	2016-01-28
4	212345678	陈晓艳	121882122	2016-03-02
5	212345678	陈晓艳	173889123	2016-01-07
6	678123456	刘彤	118041512	2016-01-07

图 3-30 使用自然连接查询信息

提示：在数据表的内连接查询时，通常自然连接应用广泛。

二、外连接查询

内连接是查询满足给定条件的记录，而在有些情况下需要返回那些不满足连接条件的记录，这时需要使用外连接。根据查询语句中的关键字及表的位置关系，可以将外连接分为：左外连接、右外连接和完全外连接 3 种。

（1）左外连接（LEFT OUTER JOIN）：指返回两个表中所有匹配的行，以及关键字 LEFT OUTER JOIN 左侧表中不匹配的行，不匹配的行用 NULL 填充。

（2）右外连接（RIGHT OUTER JOIN）：指返回两个表中所有匹配的行，以及关键字 RIGHT OUTER JOIN 右侧表中不匹配的行，不匹配的行用 NULL 填充。

（3）完全外连接（FULL OUTER JOIN）：指返回两个表中所有匹配的行和不匹配的行，不匹配的行用 NULL 填充。

1. 左外连接

【例 3-27】查询数据库天意购物的用户表 Customers 和订单表 Orders 中的“用户编号”“用户姓名”和“商品编号”等数据信息。采用左外连接的方法，在查询窗口中输入命令如下：

```
USE 天意购物
SELECT C.CustomerID '用户编号', C.Name '用户姓名',
O.ProductID '商品编号', O.OrderDate '下单时间'
FROM Customers C LEFT OUTER JOIN Orders O
ON C.CustomerID = O.CustomerID
```

执行结果如图 3-31 所示。

在左外连接时，左侧用户表 Customers 存在用户编号为 100101211，用户名为“王明”的行数据，但在订单表 Orders 中没有匹配的行数据，因此该行数据填充为 NULL。

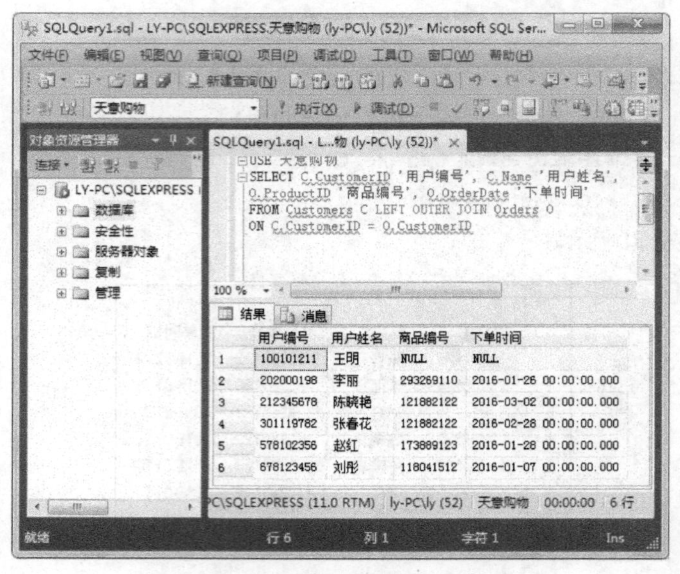

图 3-31　使用左外连接查询信息

2. 右外连接

【例 3-28】查询数据库天意购物的用户表 Customers 和订单表 Orders 中的“用户编号”“用户姓名”和“商品编号”等数据信息。采用右外连接的方法，在查询窗口中输入如下命令：

```
USE 天意购物
SELECT C.CustomerID '用户编号', C.Name '用户姓名',
O.ProductID '商品编号', O.OrderDate '下单时间'
FROM Customers C RIGHT OUTER JOIN Orders O
ON C.CustomerID = O.CustomerID
```

执行结果如图 3-32 所示。

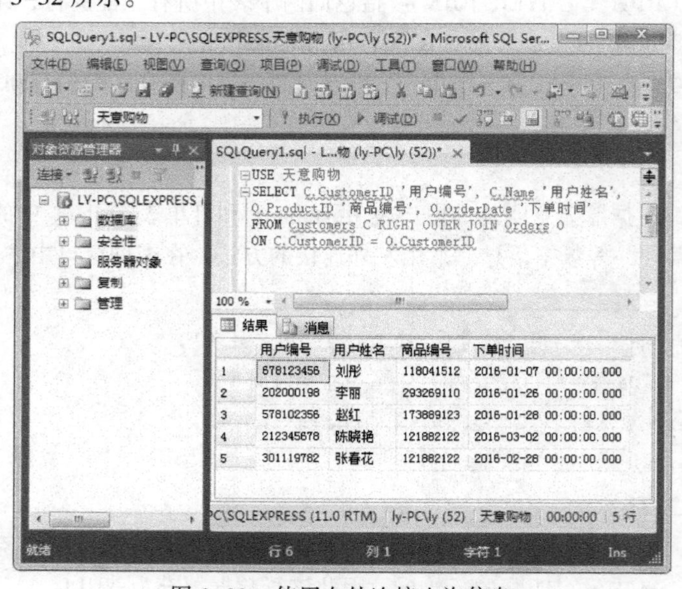

图 3-32　使用右外连接查询信息

3. 完全外连接

【例 3-29】查询数据库天意购物的用户表 Customers 和订单表 Orders 中的“用户编号”“用户姓名”和“商品编号”等数据信息。采用完全外连接的方法，在查询窗口中输入如下命令：

```
USE 天意购物
SELECT C.CustomerID '用户编号', C.Name '用户姓名',
O.ProductID '商品编号', O.OrderDate '下单时间'
FROM Customers C FULL OUTER JOIN Orders O
ON C.CustomerID = O.CustomerID
```

执行结果如图 3-33 所示。

在完全外连接查询中，在用户表 Customers 存在用户编号为 100101211，用户名为“王明”的行数据，但在订单表 Orders 中没有匹配的行数据，因此该行数据填充为 NULL。

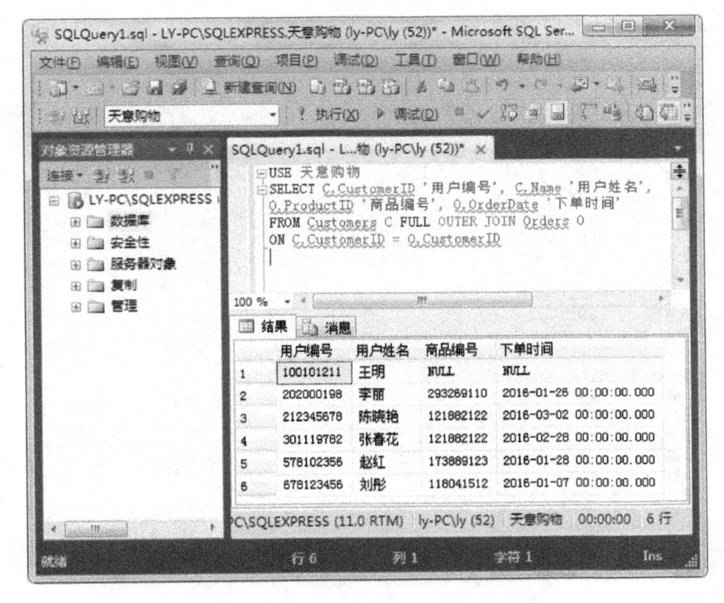

图 3-33　使用完全外连接查询信息

三、交叉连接查询

交叉连接查询也称作笛卡儿积查询，在结果集中返回两个表中的所有行可能的组合。在交叉查询中，使用关键字 CROSS JOIN，查询条件一般使用 WHERE 子句。

【例 3-30】查询数据库天意购物的用户表 Customers 和订单表 Orders 中的“用户编号”“用户姓名”和“商品编号”等数据信息。采用交叉连接的方法，在不使用 WHERE 子句的情况下，在查询窗口中输入命令如下：

```
USE 天意购物
SELECT C.CustomerID '用户编号', C.Name '用户姓名',
O.ProductID '商品编号', O.OrderDate '下单时间'
FROM Customers C CROSS JOIN Orders O
```

两张表执行前的结果分别如图 3-34、图 3-35 所示，执行交叉查询后的结果如图 3-36 所示。

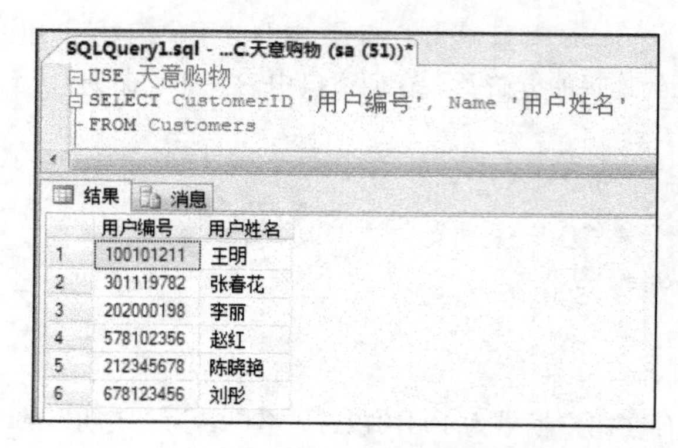

```
USE 天意购物
SELECT CustomerID '用户编号', Name '用户姓名'
FROM Customers
```

	用户编号	用户姓名
1	100101211	王明
2	301119782	张春花
3	202000198	李丽
4	578102356	赵红
5	212345678	陈晓艳
6	678123456	刘彤

图 3-34　使用交叉查询前用户信息（一）

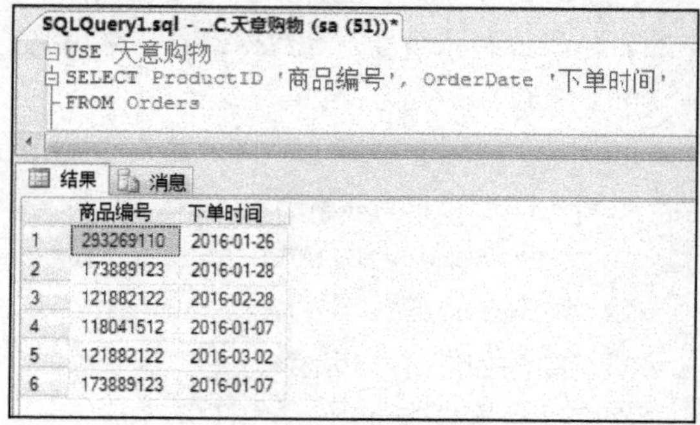

```
USE 天意购物
SELECT ProductID '商品编号', OrderDate '下单时间'
FROM Orders
```

	商品编号	下单时间
1	293269110	2016-01-26
2	173889123	2016-01-28
3	121882122	2016-02-28
4	118041512	2016-01-07
5	121882122	2016-03-02
6	173889123	2016-01-07

图 3-35　使用交叉查询前用户信息（二）

```
USE 天意购物
SELECT C.CustomerID '用户编号', C.Name '用户姓名', O.ProductID '商品编号', O.OrderDate '下单时间'
FROM Customers C CROSS JOIN Orders O
```

	用户编号	用户姓名	商品编号	下单时间
1	100101211	王明	293269110	2016-01-26
2	301119782	张春花	293269110	2016-01-26
3	202000198	李丽	293269110	2016-01-26
4	578102356	赵红	293269110	2016-01-26
5	212345678	陈晓艳	293269110	2016-01-26
6	678123456	刘彤	293269110	2016-01-26
7	100101211	王明	173889123	2016-01-28
8	301119782	张春花	173889123	2016-01-28
9	202000198	李丽	173889123	2016-01-28
10	578102356	赵红	173889123	2016-01-28
11	212345678	陈晓艳	173889123	2016-01-28
12	678123456	刘彤	173889123	2016-01-28
13	100101211	王明	121882122	2016-02-28
14	301119782	张春花	121882122	2016-02-28
15	202000198	李丽	121882122	2016-02-28
16	578102356	赵红	121882122	2016-02-28
17	212345678	陈晓艳	121882122	2016-02-28
18	678123456	刘彤	121882122	2016-02-28
19	100101211	王明	118041512	2016-01-07
20	301119782	张春花	118041512	2016-01-07
21	202000198	李丽	118041512	2016-01-07
22	578102356	赵红	118041512	2016-01-07

查询已成功执行。 HP-PC (10.50

图 3-36　使用交叉连接查询后数据信息

提示：在例 3-28、例 3-29 和例 3-30 中所举的例子，在实际应用中这种情况是不会发生的。订单表中 Customers 的 ID 是从用户表 Customers 中查询后再存入订单表中的。为了便于大家理解，外连接是故意设置的。

如果为例 3-30 中使用 WHERE 子句限定查询条件，将查询窗口中输入命令修改为：

```
USE 天意购物
SELECT C.CustomerID '用户编号', C.Name '用户姓名',
O.ProductID '商品编号', O.OrderDate '下单时间'
FROM Customers C CROSS JOIN Orders O
WHERE C.CustomerID = O.CustomerID
```

执行结果如图 3-37 所示。

SQLQuery1.sql - H...OPPING (sa (53))*

```
USE TIANYI_SHOPPING
SELECT C.CustomerID '用户编号', C.Name '用户姓名', O.ProductID '商品编号',
 O.OrderDate '下单时间' FROM Customers C CROSS JOIN Orders O WHERE C.CustomerID = O.CustomerID
```

结果　消息

	用户编号	用户姓名	商品编号	下单时间
1	301119782	张春花	121882122	2016-02-28
2	202000198	李丽	293269110	2016-01-26
3	578102356	赵红	173889123	2016-01-28
4	212345678	陈晓艳	121882122	2016-03-02
5	212345678	陈晓艳	173889123	2016-01-07
6	678123456	刘彤	118041512	2016-01-07

图 3-37　使用 WHERE 子句交叉连接查询后的数据信息

四、自连接查询

在多表查询时，不仅可以实现对两个不同的表进行连接查询，也可以实现一张表进行连接自己本身的查询，也称为自连接查询。

【例 3-31】查询数据库天意购物的用户表 Customers 和订单表 Orders 中的“用户编号”“用户姓名”和“商品编号”等数据信息。采用自连接查询方法，在查询窗口中输入如下命令：

```
USE 天意购物
SELECT C.CustomerID '用户编号',D.Name '用户姓名'
FROM Customers C, Customers D
WHERE C.CustomerID = D.CustomerID
```

执行查询后的结果如图 3-38 所示。

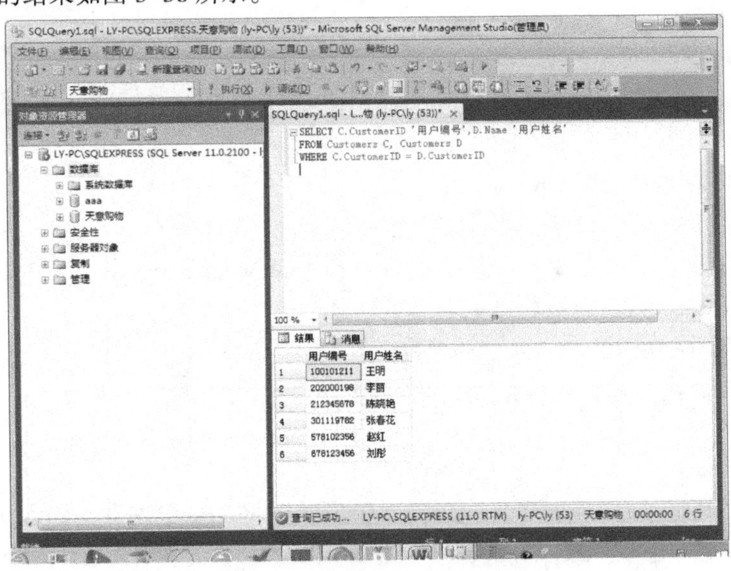

图 3-38　使用自连接查询后数据信息

提示：在自连接查询中，可以使用内连接或外连接。

五、联合查询

联合查询是指使用 UNION 运算符将两个或两个以上 SELECT 语句的查询结果合并成一个

结果集显示。其语法格式为：

```
SELECT 字段列表
FROM <表名>
[WHERE  条件]
{
UNION [ALL]
SELECT 字段列表
FROM <表名>
[WHERE  条件]
} [ORDER BY  排序表达式[ASC|DESC]]
```

其中，ALL 为可选项，在查询中若使用该关键字，则返回所有满足匹配的数据行，包括重复行。如果不使用该关键字，则返回结果中删除满足匹配的重复行。

注意：

- 在 SQL Server 2012 中使用联合查询时，第一个查询语句中的列标题必须与第二个联合查询语句中的列标题完全相同，即个数一致，名称相同。
- 要使用别名则需要在的第一个查询语句中定义。
- 对查询的结果进行排序时，只能对第一个查询语句中出现的列名应用排序。

【例 3-32】 查询数据库天意购物的购物车信息表 Carts 中“商品编号”“用户编号”和“商品数量”，且商品编号大于 150 000 000 和商品数量大于 1 的商品信息。采用联合查询运算符 UNION，在查询窗口中输入命令如下：

```
USE 天意购物
SELECT ProductID '商品编号', CustomerID '用户编号', Quantity '商品数量'
FROM Carts
WHERE ProductID > 150000000
UNION
SELECT ProductID '商品编号', CustomerID '用户编号', Quantity '商品数量'
FROM Carts WHERE Quantity > 1
```

执行结果如图 3-39 所示。

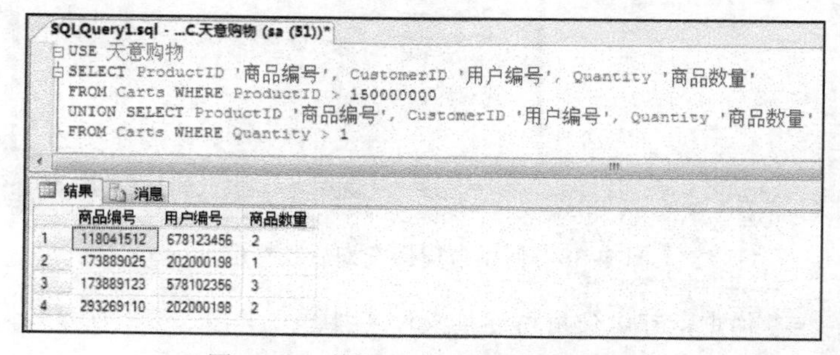

图 3-39　使用联合查询后数据信息

从以上的查询结果中可以发现，如果采用 WHERE 子句使用 AND 查询连接查询的条件，可以在查询窗口中输入如下命令：

```
USE 天意购物
SELECT ProductID '商品编号', CustomerID '用户编号', Quantity '商品数量'
FROM Carts
WHERE ProductID > 150000000 AND Quantity > 1
```

执行结果如图 3-40 所示。

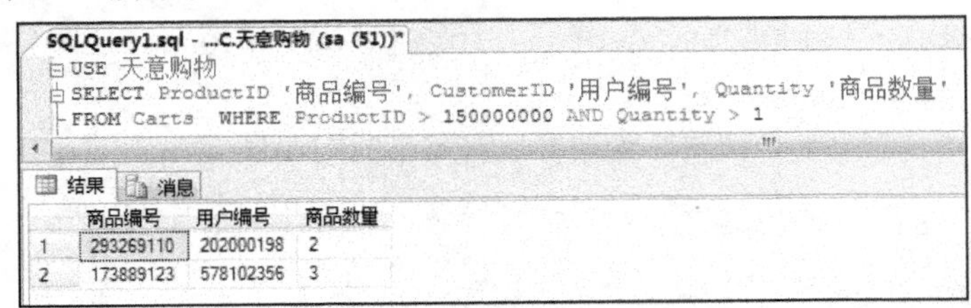

	商品编号	用户编号	商品数量
1	293269110	202000198	2
2	173889123	578102356	3

图 3-40　使用 WHERE 子句中 AND 查询后的数据信息

对于数据库中数据的查询有很多种方式，可采用适合的方式来得到结果。但是，是否联合查询与使用 WHERE 子句中的条件限制一样呢？严格来说，得到的结果有时会相同，但是否完全等价的？联合查询实现的是将两个或两个以上查询的结果集进行合并得到的结果。而 WHERE 子句中的限制条件，是满足给定条件的一个查询结果集。

注意：

- 在对数据库中的数据进行查询时，一种查询结果可以通过采用多种方式来实现，不仅仅是联合查询，包括后面提到的差查询、交查询和嵌套查询等，用户可以根据需要选择合适的方式。
- 在使用不同的查询方式时，需要注意不同的查询方式的原理不同。

任务三　高 级 查 询

在使用 SELECT 语句查询数据时，可以使用 WHERE 子句用于指定搜索条件的查询，GROUP BY 子句将结果集合分成不同的组。ORDER BY 子句定义不同行在结果集中的顺序。使用这些子句可以方便地查询“天意购物”数据库中的数据。但是，如果 WHERE 子句指定的搜索条件指向另一张表时，就需要使用子查询或嵌套查询。

任务描述

设计一个交叉查询。查询数据库天意购物的购物车 Carts 中“商品编号”“用户编号”和“商品数量”，且商品编号大于 100000000 和商品数量大于 1 的商品信息。采用交集查询运算符 INTERSECT。

设计过程

步骤一：选择“开始”→“所有程序”→“Microsoft SQL Server 2012”→SQL Server Management Studio 命令，使用“Windows 身份验证”建立连接，进入 SSMS 窗口。

步骤二：在 SSMS 窗口的工具栏中，单击 新建查询(N) 按钮，创建一个查询窗口。

步骤三：在该窗口中输入：

```
USE 天意购物
SELECT ProductID '商品编号', CustomerID '用户编号', Quantity '商品数量'
FROM Carts WHERE ProductID > 100000000
INTERSECT
SELECT ProductID '商品编号', CustomerID '用户编号', Quantity '商品数量'
FROM Carts WHERE Quantity > 1
```

步骤四：单击工具栏上的“执行”按钮，执行结果如图 3-41 所示。

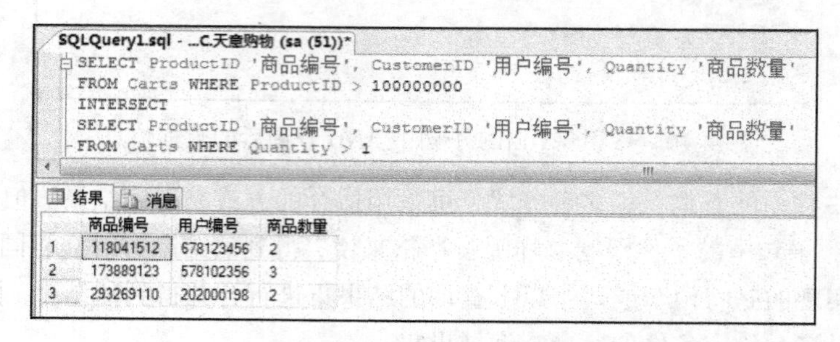

图 3-41　使用交集查询后数据信息

知识背景

一、子查询

子查询是一个嵌套在 SELECT、INSERT、UPDATE 或 DELETE 语句或其他子查询中的查询。任何允许使用表达式的地方都可以使用子查询。

1. 子查询的语法

```
SELECT [ ALL | DISTINCT ] 字段列表
FROM <表名>
WHERE 查询表达式  [NOT]  IN (子查询)
|WHERE 查询表达式 比较运算符   [ ANY | ALL ] (子查询)
|WHERE [NOT]EXISTS (子查询)
```

2. 语法规则

（1）子查询的 SELECT 查询总使用圆括号括起来。

（2）不能包括 COMPUTE 或 FOR BROWSE 子句。

（3）如果同时指定 TOP 子句，则可能只包括 ORDER BY 子句。

（4）子查询最多可以嵌套 32 层，个别查询可能会不支持 32 层嵌套。

（5）任何可以使用表达式的地方可以使用子查询，只要它返回的是单个值。

（6）如果某个表只出现在子查询中而不出现在外部查询中，那么该表中的列就无法包含在输出中。

二、嵌套查询

在对数据库中的数据涉及多个表进行查询时，也可以在一个查询中嵌入另一个或多个查询，这种查询称为嵌套查询。嵌套查询是将一个查询的结果集作为查询条件再进行查询。这个作为查询条件的查询结果集也称为子查询。实现嵌套查询可以使用 IN、EXISTS 关键字，以及与比较运算符配合使用的 ANY、ALL 和 SOME 关键字。

1. 使用 IN 关键字实现嵌套查询

使用 IN 关键字可以用来判断指定的列值是否包含在已定义的表中或者另外一个表中。若列值与子查询结果集一致或存在相匹配的数据行，则最终的查询结果中就包含该数据行。其语法格式如下：

```
SELECT 字段列表 FROM <表名>
WHERE 表达式 IN|NOT IN(SELECT 查询语句)
```

【例 3-33】查询数据库天意购物的购物车信息表中所有商品在商品表 Products 中商品名称、商品类型和商品价格等数据信息。采用 IN 关键字的方法，在查询窗口中输入如下命令：

```
USE 天意购物
SELECT productname '商品名称', Type '商品类型', Price '商品价格'
FROM Products
WHERE ProductID IN(SELECT ProductID FROM Carts WHERE Quantity > 1)
```

执行结果如图 3-42 所示。

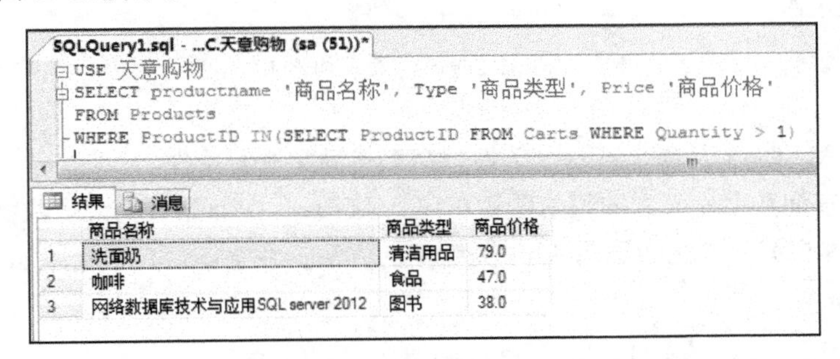

图 3-42　使用 IN 关键字实现嵌套查询后数据信息

IN 关键字是查询列值与子查询结果集一致或存在相匹配的数据行，而 NOT IN 返回的是列值与查询结果集不匹配的数据行。

2. 使用 EXISTS 关键字实现嵌套查询

在使用 EXISTE 关键字时，是判断其嵌套查询返回的结果集中数据行是否存在，如果存在返回 true，不存在返回 false，不会返回任何数据行。其语法格式如下：

```
SELECT 字段列表
FROM  <表名>
WHERE  EXISTS|NOT EXISTS (SELECT 查询语句)
```

【例 3-34】查询数据库“天意购物”的商品表 Products 中与购物车表中“商品编号”信息相同，且为“173889025”的“商品编号”“商品名称”和“商品价格”等数据信息。采用 EXISTS

关键字的方法，在查询窗口中输入如下命令：

```
USE 天意购物
SELECT P.ProductID '商品编号', P. productname '商品名称', P.Price '商品价格'
FROM Products P WHERE EXISTS
(SELECT * FROM Carts C
WHERE C.ProductID = P.ProductID AND P.ProductID = 173889025)
```

执行结果如图 3-43 所示。

图 3-43 使用 EXISTS 关键字实现嵌套查询后数据信息

3. 使用 ANY、ALL 和 SOME 关键字实现嵌套查询

ANY、ALL 和 SOME 关键字是 SQL 支持的在子查询中使用的关键字，这些关键字通常和比较运算符配合使用。

语法格式：

```
SELECT 字段列表
FROM 表名
WHERE 表达式 operator [ANY | ALL | SOME] 子查询语句
```

语句说明：

其中，ANY 和 SOME 是满足某一个条件，ALL 是满足所有条件。

【例 3-35】查询数据库天意购物的购物车信息表 Carts 中商品数量大于购物车中平均商品数量的商品编号和客户编号信息。采用 ANY 关键字的方法，在查询窗口中输入如下命令：

```
USE 天意购物
SELECT ProductID '商品编号', CustomerID '客户编号'
FROM Carts where Quantity > ANY (SELECT AVG(Quantity) FROM Carts)
```

其执行结果如图 3-44 所示。

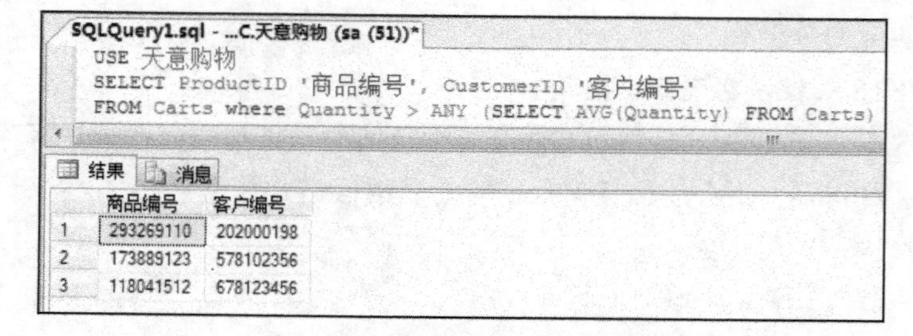

图 3-44 使用 ANY 关键字实现嵌套查询后数据信息

在以上的查询中，ANY 换成 SOME 结果是相同的。与该查询的结果集相同的结果也可以使

用如下命令：

```
USE 天意购物
SELECT ProductID '商品编号', CustomerID '客户编号'
FROM Carts where Quantity > SOME (SELECT AVG(Quantity) FROM Carts)
```

如果将以上查询中的 ANY 换成 ALL 关键字，则执行的结果如图 3-45 所示，即查询满足所有给定的条件结果集，与该查询结果集相同的结果等同于如下命令：

```
USE 天意购物
SELECT ProductID '商品编号', CustomerID '客户编号'
FROM Carts where Quantity > ALL (SELECT AVG(Quantity) FROM Carts)
```

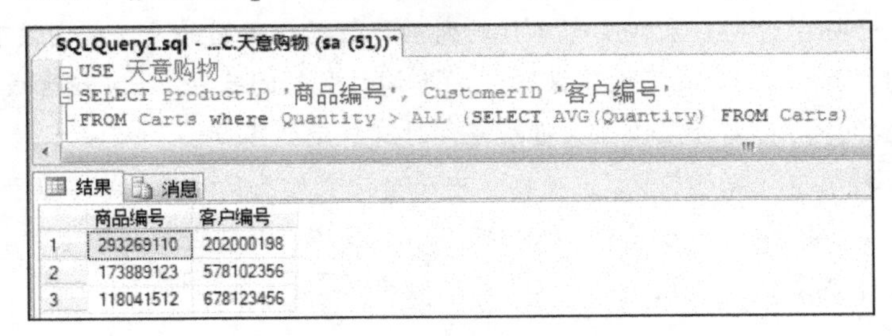

	商品编号	客户编号
1	293269110	202000198
2	173889123	578102356
3	118041512	678123456

图 3-45　使用 ALL 关键字实现嵌套查询后数据信息

注意：在使用嵌套查询时，子查询的 SELECT 语句中不能使用 ORDER BY 子句，ORDER BY 只能用于父查询（最外侧的查询）。

综合实训

一、单表查询

1. 使用单表查询在“学生管理系统”数据库的学生信息表 Student 中查询“学号”“姓名”和“年龄”等学生信息。

2. 使用单表查询在“学生管理系统”数据库的课程信息表 Course 中查找报名人数大于最低开班人数的“课程编号”“课程名称”和“教师”等课程信息。

3. 在“学生管理系统”数据库的课程信息表 Course 中统计课程总数。

二、多表查询

1. 使用多表查询在“学生管理系统”数据库分别统计学生成绩大于 60 分和小于 60 分的学生名单，并显示“姓名”、“成绩”信息。

2. 使用多表查询在“学生管理系统”数据库的学生信息表（Student）、课程信息表（Course）和学生成绩表（Score）中查询学生成绩，并显示“姓名”“课程名称”和相应的“成绩”信息。

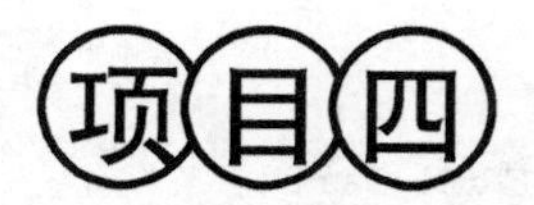

项目四 “天意购物”数据库中视图与索引的使用

视图可以看成是虚拟表或存储在数据库中的查询，是数据库中某些表或其他视图中数据的特定子集。视图与基表一样包含有一系列带有名称的列和行数据。不同的是，视图没有存储任何数据，不占物理存储空间，行和列的数据来自定义视图的查询所引起的基表，并且在生成视图时动态生成。我们可以对视图进行查询和更新操作，但更新操作时有一定的限制。

索引可以加快对表中数据的检索，是数据库中一个比较重要的对象。它类似于图书目录的作用，在数据库中，索引允许数据库应用程序不必扫描整个数据库，就能迅速找到表中特定的数据。索引是表中数据和相应存储位置的列表。

项目内容：

- 任务一　视图的创建、删除和维护。
- 任务二　索引的创建、删除和维护。

项目目标：

- 熟练掌握：使用 SSMS 管理器和 T-SQL 语句创建视图和索引。
- 掌握：视图和索引的维护管理。
- 了解：视图的概念、作用和索引的概念。

任务一　视图的创建、删除和维护

在本任务中，首先通过“相关知识”了解视图的概念和作用，然后通过“设计过程”学习使用 SSMS 管理工具和 T-SQL 语言两种方式对“天意购物”视图进行创建和维护。

任务描述

（1）要求使用 SSMS 管理工具创建“我的购物车”（MyCarts）视图，名称为 View_MyCarts。根据“天意购物”数据库中的表，要求设计“我的购物车（MyCarts）”视图所需的字段，如表 4-1 所示。

表 4-1　MyCarts 视图所需的字段

序　号	数 据 表	表 字 段 名	视图字段名	视 图 别 名
1	Customers	Name	Name	客户姓名
2	Products	Description	Description	商品名称
3	Products	Price	Price	商品价格

续表

序　　号	数据表	表字段名	视图字段名	视图别名
4	Carts	CustomerID	CustomerID	客户编号
5	Carts	Quantity	Quantity	商品数量

（2）要求使用 T-SQL 创建”我的订单”（MyOrders）视图，名称为 View_MyOrders。根据“天意购物”数据库中的表，要求设计“我的订单（MyOrders）”视图所需的字段，如表 4-2 所示。

表 4-2　MyOrders 视图所需的字段

序　　号	数据表	表字段名	视图字段名	视图别名
1	Customers	Name	Name	客户姓名
2	Customers	Telephone	Telephone	联系电话
3	Customers	Address	Address	送货地址
4	Products	Description	Description	商品名称
5	Orders	CustomerID	CustomerID	商品数量
6	Orders	OrderID	OrderID	订单编号
7	Orders	OrderDate	OrderDate	订单日期
8	Orders	PaidDate	PaidDate	付款日期

设计过程

（1）使用 SSMS 管理工具创建“我的购物车”（MyCarts）视图，名称为 View_MyCarts。

步骤一：打开 SSMS 管理工具，选择“数据库”→“天意购物”，右击”视图”，选择“新建视图”命令，如图 4-1 所示。

步骤二：在弹出的“添加表”窗口，按住【Ctrl】键选择 Carts、Customers、Products 三张表，单击“添加”按钮，然后关闭此窗口，如图 4-2 所示。

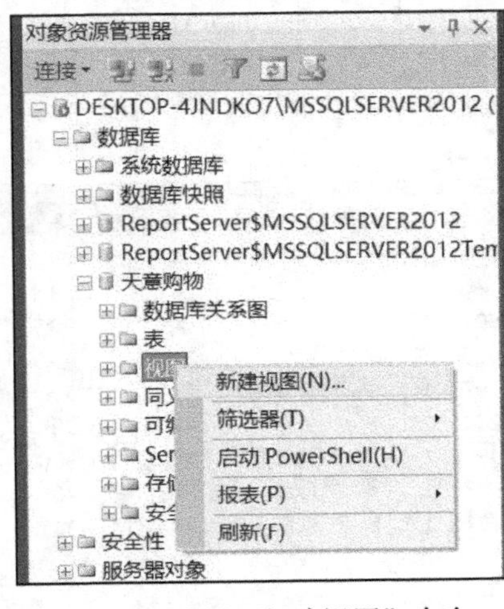

图 4-1　选择“新建视图”命令

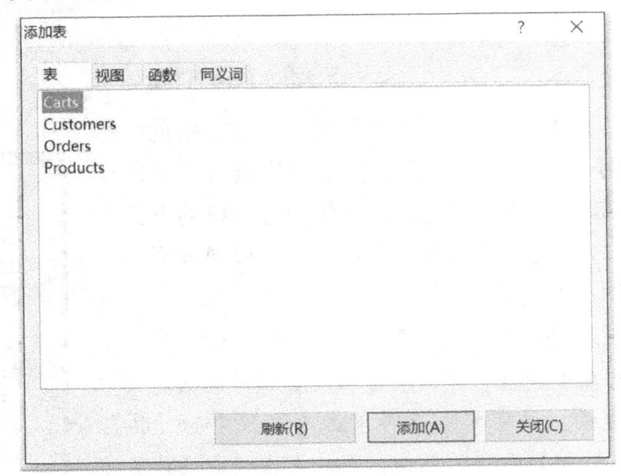

图 4-2　“添加表”窗口

步骤三：在表的图形窗口中列出了表的列名，在每个列名左边有复选框。其中，选中的复选框的列就是要出现在视图中的列。在该设计器中选择：表 Carts 中的 CustomerID 和 Quantity 列；表 Products 中的 Description 和 Price 列；表 Customers 中的 Name 列，如图 4-3 所示。

在视图设计器的第 2 窗格中显示了要输出的列，如图 4-4 所示。

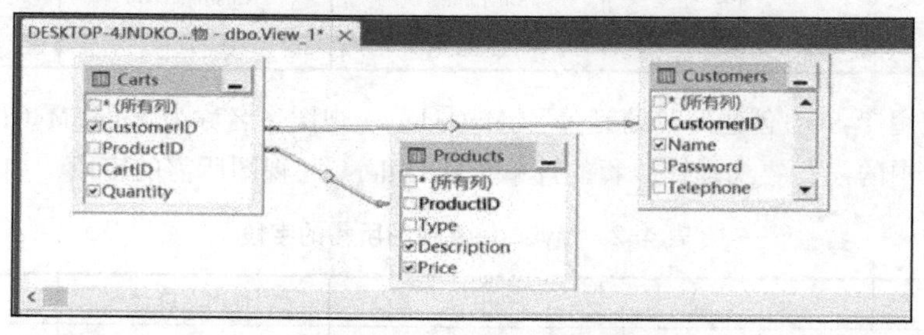

图 4-3　视图设计器的第 1 窗格

列	别名	表	输出	排序类型	排序顺序	筛选器	或...	或...	或...
CustomerID	客户编号	Carts	☑						
Quantity	商品数量	Carts	☑						
Name	客户姓名	Customers	☑						
Description	商品名称	Products	☑						
Price	商品价格	Products	☑						

图 4-4　视图设计器的第 2 窗格

步骤四：单击工具栏中的“保存”按钮，输入该视图名称 View_MyCarts，视图将保存到数据库中，如图 4-5 所示。

同时，通过对象资源管理器可以查看到该视图，如图 4-6 所示。

图 4-5　输入视图名称

图 4-6　查看视图

步骤五：在对象资源管理器中右击刚创建的视图 View_MyCarts。在弹出的快捷菜单中选择“编辑前 200 行”选项，系统通过表格的方式在 SSMS 的主区域新建一个选项卡来展现该视图，如图 4-7 所示。

技巧：视图设计器的第 3 个窗格是 T-SQL 语句的编辑区，可以直接在这里编写视图定义中的查询。编写完成后再单击工具栏中的“执行 SQL”按钮运行该查询，系统将在视图设计器的第 4 个窗格中显示查询结果，如图 4-8 所示。

DESKTOP-4JNDKO...o.View_MyCarts

客户编号	商品数量	客户姓名	商品名称	商品价格
202000198	2	李丽	洗面奶	78.5
2020001...	1	李丽	牛奶	90.55
5781023...	3	赵红	咖啡	46.5
3011197...	1	张春花	电视机	5000
6781234...	2	刘彤	网络数据...	38
2123456...	1	陈晓艳	电视机	5000
5781023...	1	赵红	网络数据...	38
2020001...	1	李丽	网络数据...	38
NULL	NULL	NULL	NULL	NULL

图 4-7　查看视图中的数据

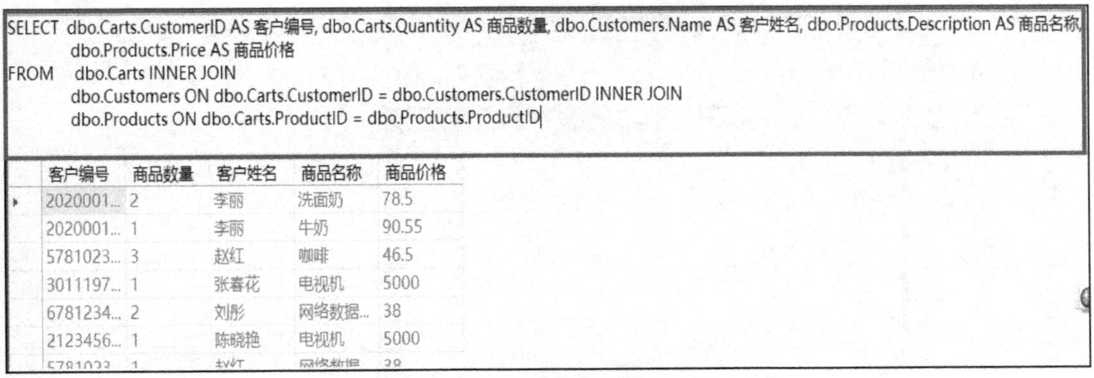

```
SELECT dbo.Carts.CustomerID AS 客户编号, dbo.Carts.Quantity AS 商品数量, dbo.Customers.Name AS 客户姓名, dbo.Products.Description AS 商品名称,
       dbo.Products.Price AS 商品价格
FROM   dbo.Carts INNER JOIN
       dbo.Customers ON dbo.Carts.CustomerID = dbo.Customers.CustomerID INNER JOIN
       dbo.Products ON dbo.Carts.ProductID = dbo.Products.ProductID
```

客户编号	商品数量	客户姓名	商品名称	商品价格
2020001...	2	李丽	洗面奶	78.5
2020001...	1	李丽	牛奶	90.55
5781023...	3	赵红	咖啡	46.5
3011197...	1	张春花	电视机	5000
6781234...	2	刘彤	网络数据...	38
2123456...	1	陈晓艳	电视机	5000
5781023...	1	赵红	网络数据...	38

图 4-8 视图设计窗口中第 3 窗格和第 4 窗格

（2）要求使用 T-SQL 创建“我的订单”（MyOrders）视图，名称为 View_MyOrders。

语法格式：

```
CREATE VIEW 视图名[(列名[，…])]
[WITH<视图属性>]
AS
查询语句
[WITH CHECK OPTION]
```

语句说明：

WITH CHECK OPTION：用于强制视图上执行的所有数据修改语句都必须符合由 SELECT 语句设置的准则。

步骤一：打开 SSMS 管理工具，单击工具栏中的“新建查询”按钮，此时在 SSMS 的主区域新建一个选项卡，在此区域写入语句，如图 4-9 所示。

```
USE 天意购物
GO
CREATE VIEW VIEW_MYORDERS
AS
SELECT CUSTOMERS.CUSTOMERID AS 客户编号,
CUSTOMERS.NAME AS 客户姓名,
CUSTOMERS.TELEPHONE AS 联系电话,
CUSTOMERS.ADDRESS AS 送货地址,
PRODUCTS. productname
  AS 商品名称,
ORDERS.ORDERID AS 订单编号,
ORDERS.ORDERDATE AS 订单日期,
ORDERS.PAIDDATE AS 付款日期
FROM ORDERS INNER JOIN CUSTOMERS
ON ORDERS.CUSTOMERID=CUSTOMERS.CUSTOMERID
INNER JOIN PRODUCTS ON ORDERS.PRODUCTID=PRODUCTS.PRODUCTID
```

步骤二：单击工具栏中的“执行”按钮，此时创建视图 View_MyOrders 成功，如图 4-10 所示。

注意：在视图定义中，SELECT 子句中不能包含如下内容：COMPUTE 或 COMPUTE BY 字句；ORDER BY 子句，除非 SELECT 语句中的选择列表中有 TOP 子句、INTO 关键字、OPTION 子句、引用临时表或表变量等。

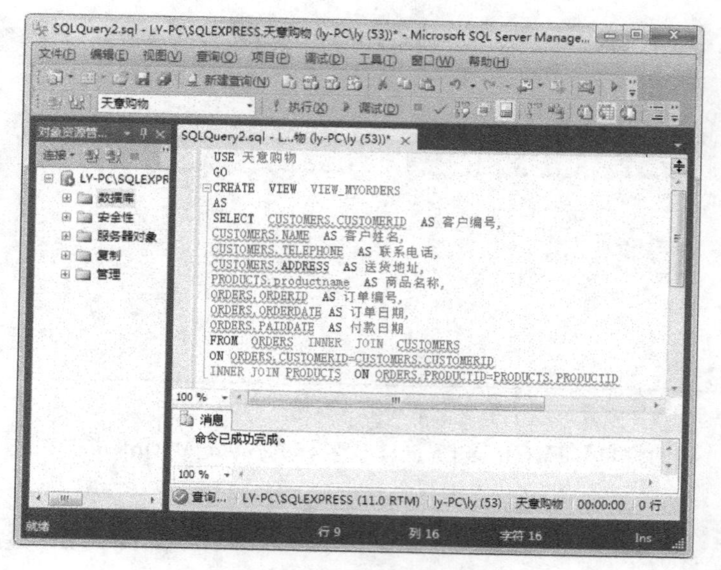

图 4-9 代码创建视图执行结果

图 4-10 显示创建视图

步骤三：使用 T-SQL 语句查看视图“我的订单（View_MyOrders）”。

打开 SSMS 管理工具，单击工具栏中的“新建查询”按钮，此时在 SSMS 的主区域新建一个选项卡，在此区域写入语句：

```
Select  *  from View_MyOrders
```

单击工具栏中的“执行”按钮，即可查看刚刚创建的视图。

知识背景

一、视图的概念

视图是查看数据库表中数据的一种方式。视图是一种逻辑对象，一种虚拟表，除索引视图外，不占用物理存储空间。大多数的 SELECT 语句都可以用在视图的创建中。

二、视图的作用

对于其他持久基表，视图的作用类似于筛选。

视图由查询定义，可以完成以下工作：

（1）降低用户读取数据库数据的复杂性。

（2）阻止选择保密列。

（3）在数据库中添加索引以改善查询性能。

视图不会向用户提供超出其需求的信息，也不会向用户提供其不应看到的信息。

三、修改视图

1. 使用 SSMS 管理工具

【例 4-1】要求使用 SSMS 管理工具修改视图“我的购物车（View_MyCarts）”。

步骤一：打开 SSMS 管理工具，选择“数据库”→“天意购物”→“视图”，右击视图 View_MyCarts，选择“设计”命令如图 4-11 所示。

图 4-11 选择修改视图命令

步骤二：在视图设计器中，可以通过窗格一中表的列前面的复选框进行列的选择；通过窗格二中的别名设置视图别名，如图 4-12 所示。

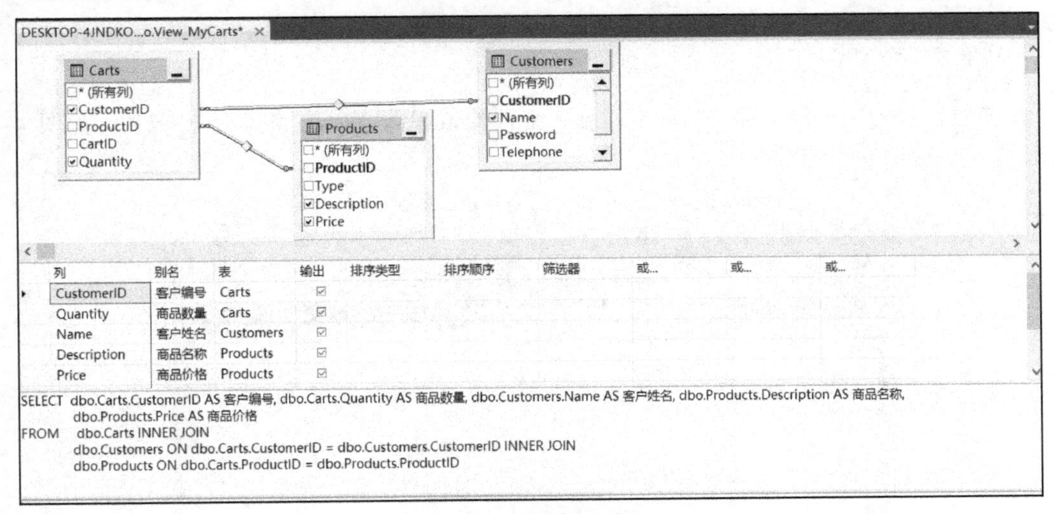

图 4-12 修改视图窗口

步骤三：单击工具栏中的“保存”按钮保存对视图的修改。

2. 使用 T-SQL 修改视图

语法格式：

```
ALTER  VIEW 视图名[(列名[,…])]
[WITH<视图属性>]
AS
查询语句
[WITH  CHECK  OPTION]
```

注意：

ALTER VIEW 语句格式与 CREATE VIEW 语句格式基本相同，修改视图的过程就是先删除原有视图，然后根据查询语句再创建一个同名的视图过程。

【例 4-2】要求使用 T-SQL 修改视图“我的订单（View_MyOrders）”，在该视图中增加 Products.Type 字段。

步骤一：打开 SSMS 管理工具，单击工具栏中的“新建查询”，此时在 SSMS 的主区域新建一个选项卡，修改视图 View_MyOrders。在此区域写入语句：

```
USE 天意购物
GO
ALTER  VIEW  View_MyOrders
AS
SELECT C.CUSTOMERID,
C.NAME,
C.TELEPHONE,
C.ADDRESS,
P. productname,
P.TYPE,
O.ORDERID,
O.ORDERDATE,
O.PAIDDATE
FROM ORDERS O INNER JOIN CUSTOMERS C
ON o.CUSTOMERID=c.CUSTOMERID
INNER JOIN PRODUCTS  p
ON O.PRODUCTID=P.PRODUCTID
```

步骤二：单击工具栏中的“执行”按钮，此时修改视图 View_ MyOrders 成功，如图 4-13 所示。

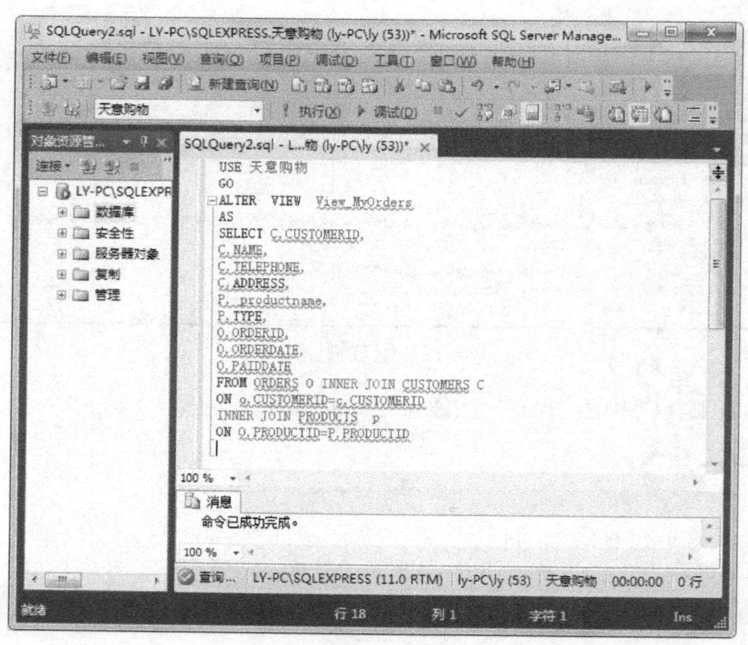

图 4-13　修改视图执行结果

注意： 由于视图可以被另外的视图作为数据源使用，所以修改视图时要小心。如果删除了某列输出，而该列恰好被其他视图使用，那么在修改视图后其他关联的视图将无法再使用。

四、删除视图

1. 使用 SSMS 管理工具删除视图

【例 4-3】要求使用 SSMS 管理工具删除视图 View_MyOrders。

方法：在对象资源管理器中右击要删除的视图，选择“删除”命令即可。

2. 使用 T-SQL 语言删除视图

可以使用 DROP VIEW 命令删除视图，语法格式：

```
DROP  VIEW  <视图名>
```

【例 4-4】要求使用 T-SQL 删除视图 View_MyOrders。

```
USE 天意购物
GO
DROP  VIEW  view_myorders
GO
```

任务二　索引的创建、删除和维护

在数据库的应用中，用户希望能用最快的速度和最方便的方法找到所需的数据。利用数据库中的索引可以快速找到表或索引视图中的特定信息，可以显著提高数据库查询和应用程序的性能。在本任务中，通过学习掌握使用 SSMS 管理工具和 T-SQL 两种方式创建和管理索引。

任务描述

使用 SSMS 管理工具给表 Carts 创建索引，要求选择 Type 字段建立非聚集索引，索引名为 Type_index。

设计过程

步骤一：打开 SSMS 管理工具，选择“数据库”→“天意购物”→“表”→“Products”，单击前面的“+”，展开选项，右击“索引”选项，选择“新建索引”→“非聚集索引”命令，如图 4-14 所示。

步骤二：在打开的”新建索引”窗口，在”选项页”中选择”常规”，输入索引名称 Type_index，如图 4-15 所示。

步骤三：单击“添加”按钮，打开选择列窗口，选择 Type 字段作为索引列，单击“确定”按钮，如图 4-16 所示。

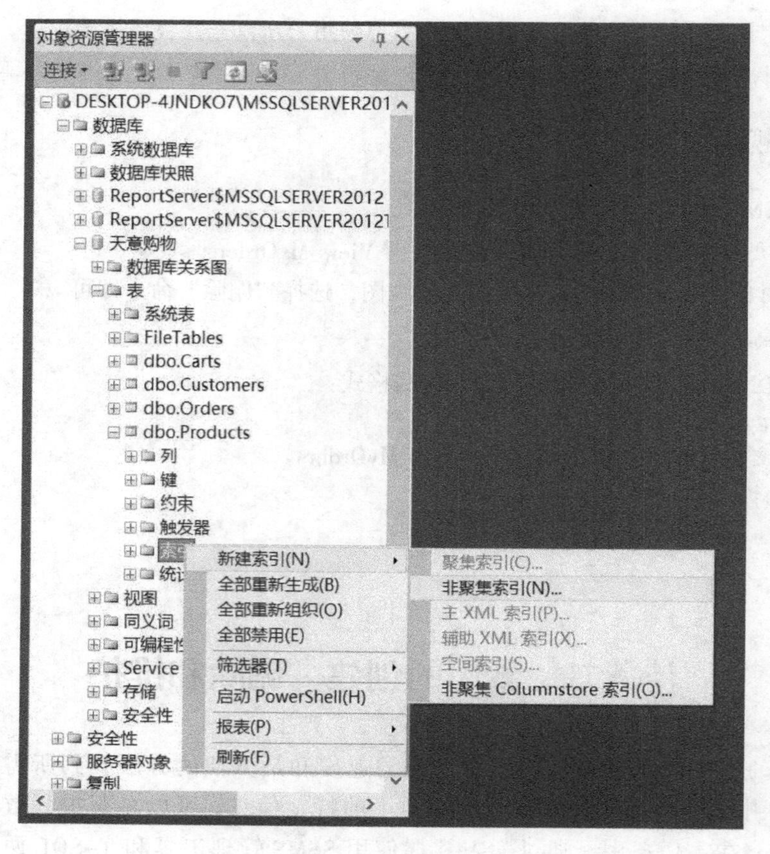

图 4–14 新建索引命令

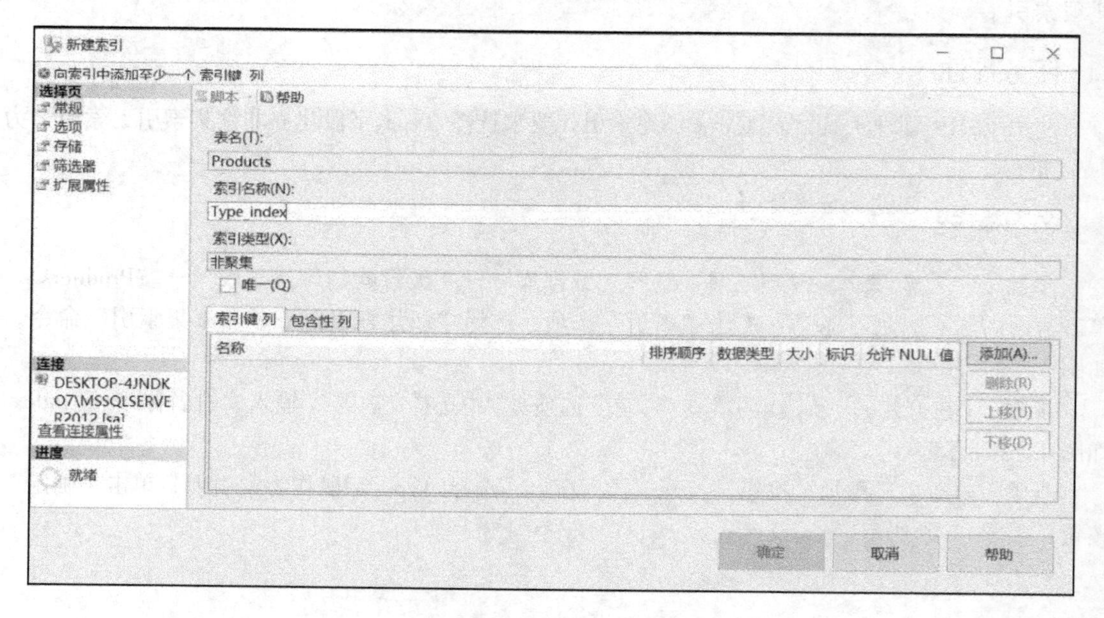

图 4–15 “新建索引”窗口

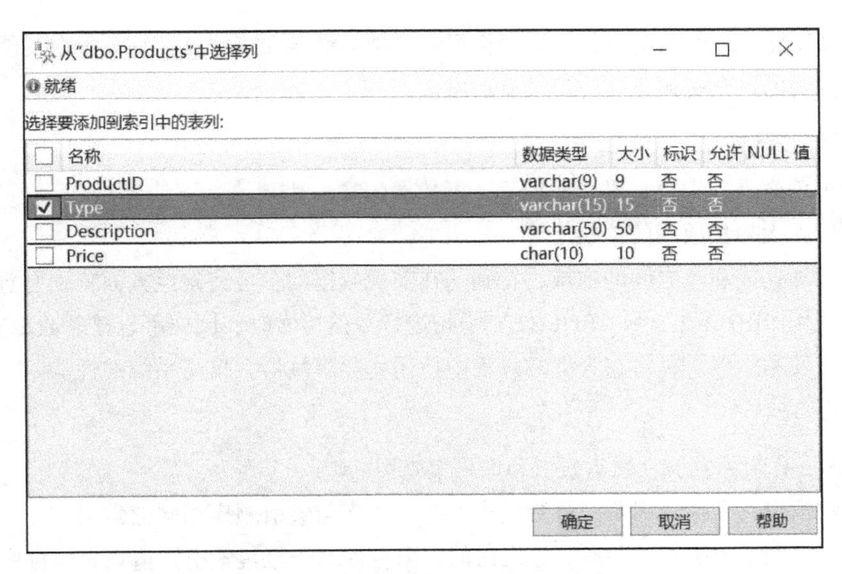

图 4-16 选择要添加到索引中的列

步骤四：在“选项”“存储”等页中进一步设置索引的高级功能，如图 4-17 所示。设置完成后单击“确定”按钮，则该索引创建完成。

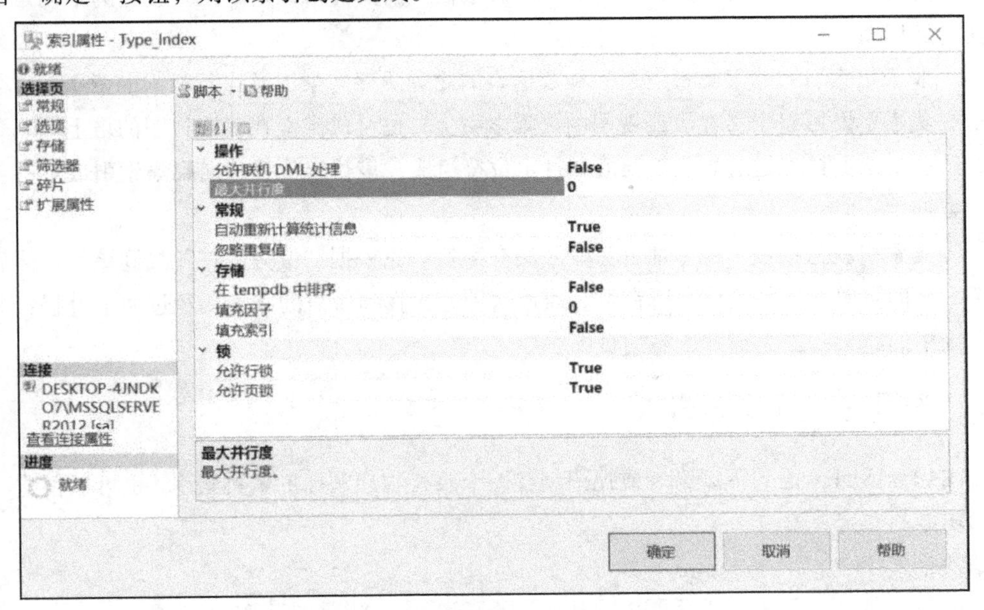

图 4-17 设置索引的高级功能

知识背景

一、索引的相关知识

1. 索引的概念

索引是一种树状结构，其中存储了关键字和指向包含关键字所在记录的数据页指针。当使用索引查找时系统将沿着索引的树状结构，根据索引中关键字和指针找到符合查询条件的记录。最后将全部查找到的符合查询条件的记录显示出来。

2. 索引的优点

（1）通过创建唯一索引，可以保证每一行数据的唯一性。

（2）可以大大加快数据的检索速度。

（3）可以加速表和表之间的连接，特别是在实现数据的参考完整性方面特别有意义。

（4）在使用 ORDER BY 和 GROUP BY 子句进行数据检索时，同样可以显著减少查询时间。

（5）通过使用索引，可以在查询的过程中使用优化隐藏器，提高系统的性能。

3. 索引的分类

SQL Server 有两种索引：聚集索引和非聚集索引。

（1）聚集索引：聚集索引是一种数据表的物理顺序与索引顺序相同的索引。

聚集索引确定了数据存储的顺序，表内的数据存储基于聚集索引键值在表内排序。每个表只能有一个聚集索引，因为数据行本身只能按一个顺序存储。

聚集索引的典型例子是按字母顺序查字典，一本字典中单词的排列方式只有一种。我们不需要去查看前面的目录，只要任意翻开一页，然后根据当前页的单词判断出要查找的单词是在此页的前面还是后面。

（2）非聚集索引：非聚集索引是一种数据表的物理顺序与索引顺序不相同的索引。

非聚集索引既可以定义在表或视图的聚集索引上，也可以定义在表或视图的堆上。非聚集索引中的每一个索引行都是由非聚集键值和行定位符组成，该行定位符指向聚集索引或堆中包含该键值的数据行。

非聚集索引就像按照“偏旁部首”等方法查字典。先根据“偏旁部首”找到该字，然后根据这个字后面的页码直接翻到该字所在页。通过这种方式找到所需的字需要经过两个过程：一是先找到目录中的结果；二是翻到所需的页码。

二、使用 T-SQL 创建索引

CREATE INDEX 语句可以为表或视图创建一个改变物理顺序的聚集索引，也可以创建一个具有查询功能的非聚集索引。

语法格式：

```
CREATE  [UNIQUE][CLUSTERED | NONCLUSTERED] INDEX 索引名
   ON {表名 | 视图名}(列名 [ASC | DESC] [,…n])
```

语句说明：

- [UNIQUE][CLUSTERED|NONCLUSTERED]：指定创建索引的类型，依次为“唯一索引”“聚集索引”和“非聚集索引”。非聚集索引是 CREATE INDEX 语句的默认值.
- ON 关键字：表示索引所属的表或视图，这里用于指定表或视图的名称和相应的列名称。列名称后面可以使用 ASC 或 DESC 关键字，指定升序排列或降序排列。ASC 为默认值。

【例 4-5】在 Customers 表中的 Address 列上创建名为 index_Address 的非聚集索引。

步骤一：打开 SSMS 管理工具，单击工具栏中的“新建查询”，此时在 SSMS 的主区域新建一个选项卡，在此区域写入语句，如图 4-18 所示。

```
USE 天意购物
GO
CREATE  NONCLUSTERED
INDEX  INDEX_ADDRESS
ON  CUSTOMERS(ADDRESS)
go
```

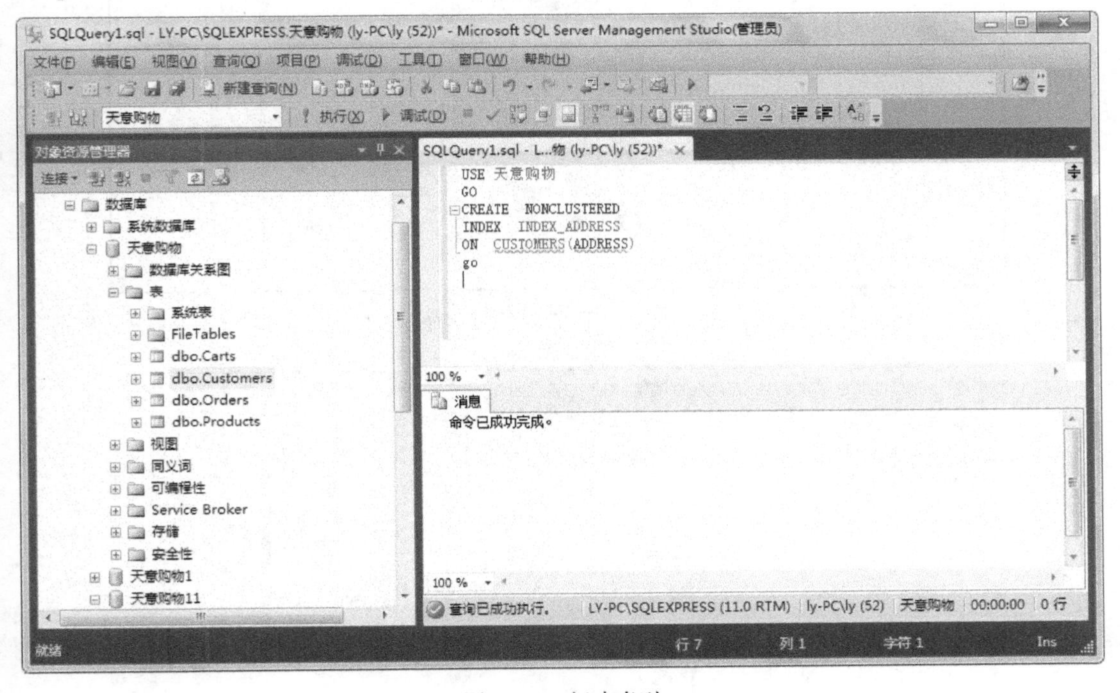

图 4-18 新建索引

步骤二：单击工具栏中的“执行”按钮，此时创建索引 index_Address 成功。

注意：视图创建非聚集索引，必须先要创建唯一的聚集索引。

三、使用 SSMS 管理工具查看索引

【例 4-6】查看 Customers 表所建立的索引信息。

步骤一：打开 SSMS 管理工具，选择“数据库”→“天意购物”→“表”，右击表 Customers，在弹出的快捷菜单中选择“设计”命令，进入表设计器。

步骤二：右击“表设计器”，在弹出的快捷菜单中选择“索引/键”命令，如图 4-19 所示。此时，在打开的窗口中可以查看表的所有索引，选中某个索引后还可以查询该索引的名称和列字段等属性，如图 4-20 所示。

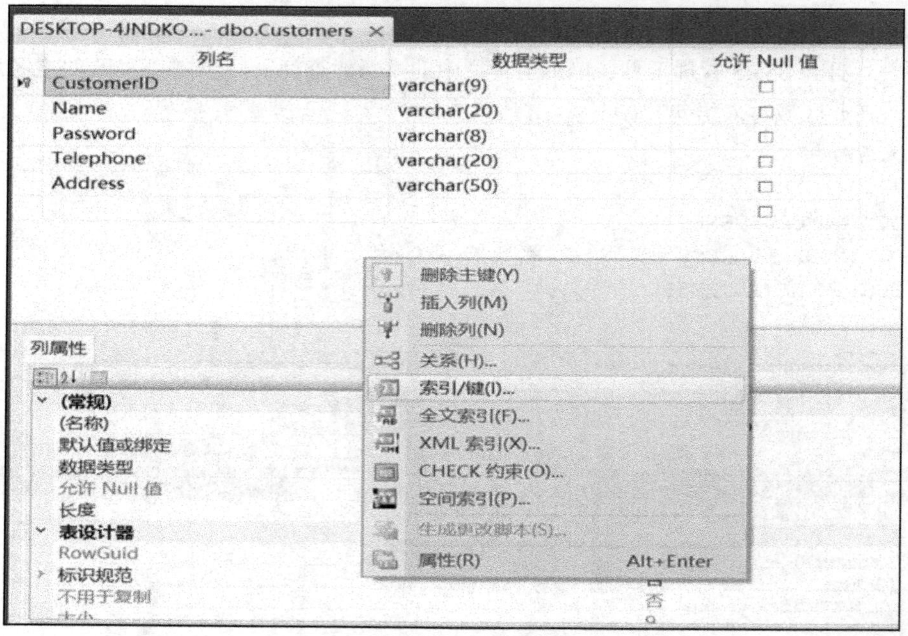

图 4-19　选择“索引/键”命令

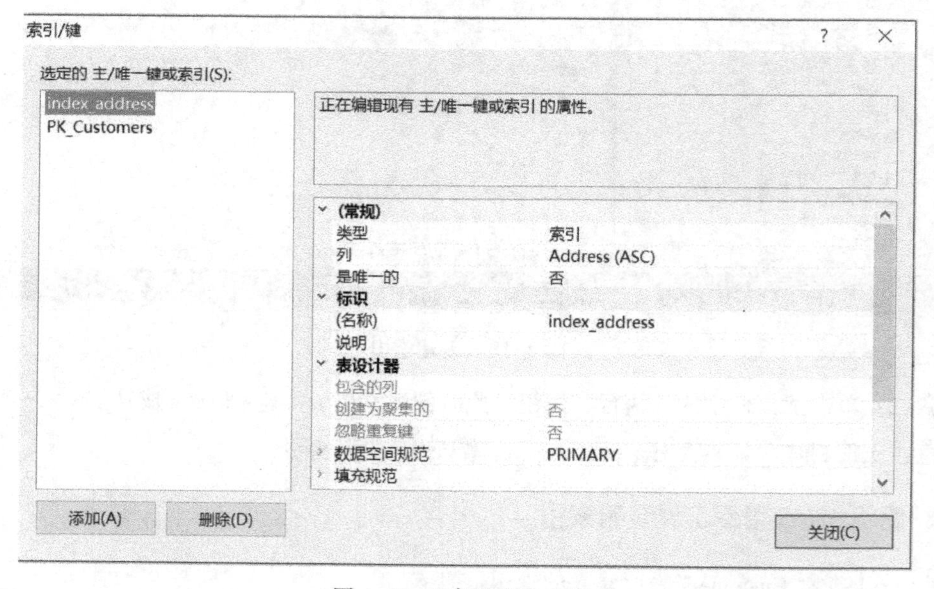

图 4-20　“索引/键”属性

四、使用 SSMS 管理工具管理索引

1. 索引的查看

【例 4-7】查看“天意购物”数据库中 Customers 表所建立的索引。

打开 SSMS 管理工具，选择“数据库”→“天意购物”→“表”→“Customers”，展开要查看的表，从选项中选择“索引”选项，则会出现表中已存在的索引列表。双击索引 index_address，打开“索引属性”窗口，如图 4-21 所示。

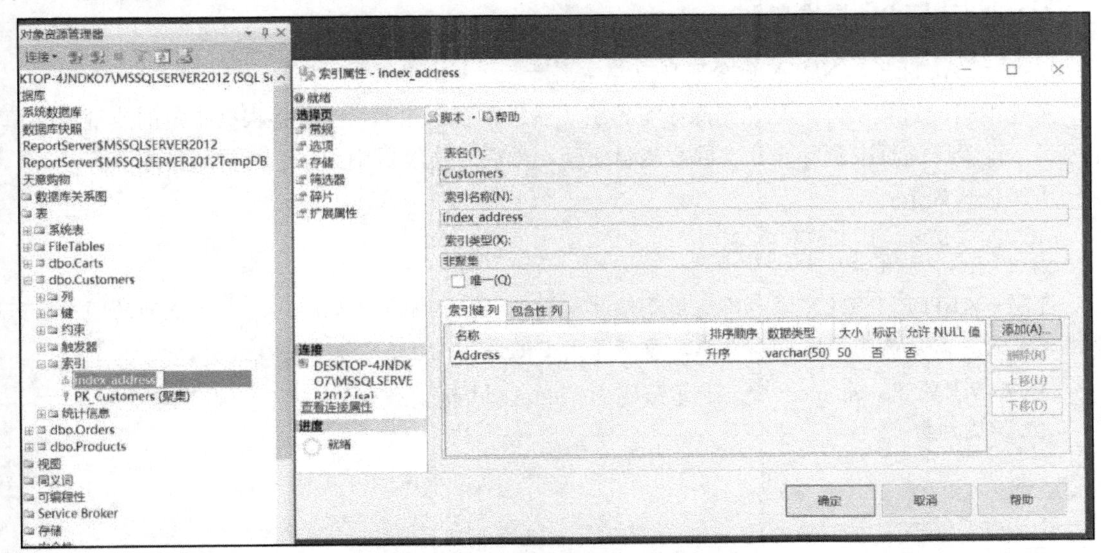

图 4-21 打开“索引属性”窗口

2. 索引的删除

【例 4-8】删除已经创建的索引 index_address。

步骤一：打开 SSMS 管理工具，选择“数据库”→“天意购物”→“表”→“Customers”，展开要查看的表，从选项中选择“索引”选项，则会出现表中已存在的索引列表。右击索引 index_address，在弹出的快捷菜单中选择“删除”命令。

步骤二：在打开的“删除对象”窗口单击“确定”按钮，如图 4-22 所示。

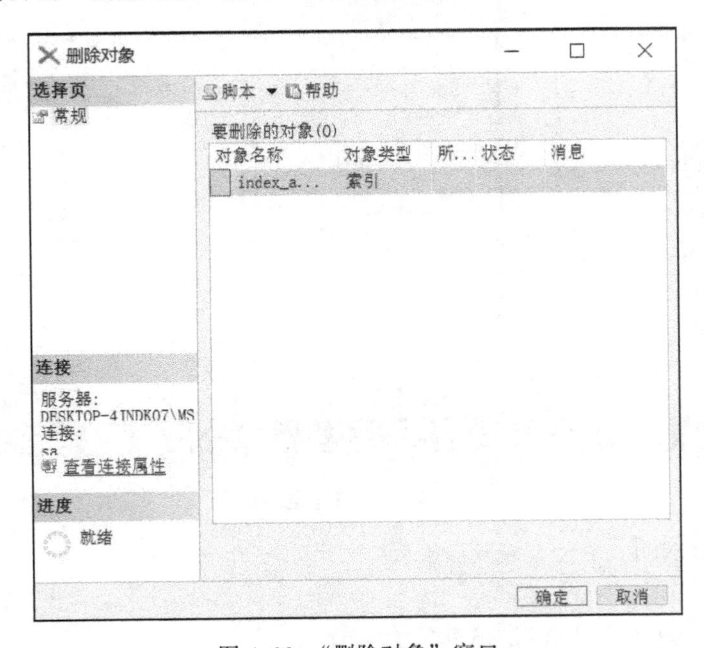

图 4-22 “删除对象”窗口

五、使用 T-SQL 管理索引

1. 通过 ALTER INDEX 命令实现重建索引

重建索引的过程实际上是先删除原有索引，然后重新创建索引，这将根据指定的或现有的填充因子，设置压缩页来删除碎片、回收磁盘空间，然后对连续页中的索引行重新排序。

语法格式如下：

```
ALTER  INDEX { 索引名 | ALL }
ON { 表名| 视图名}
```

注意：ALTER INDEX 语句不能用于修改索引定义，如添加或删除列，或更改列的顺序。若要修改定义，需要删除原有索引，然后重新使用 CREATE INDEX 命令创建索引。

【例 4-9】重建 customers 中的非聚集索引 index_address。

```
USE 天意购物
GO
ALTER INDEX index_address
ON CUSTOMERS
REBUILD
GO
```

执行结果如图 4-23 所示。

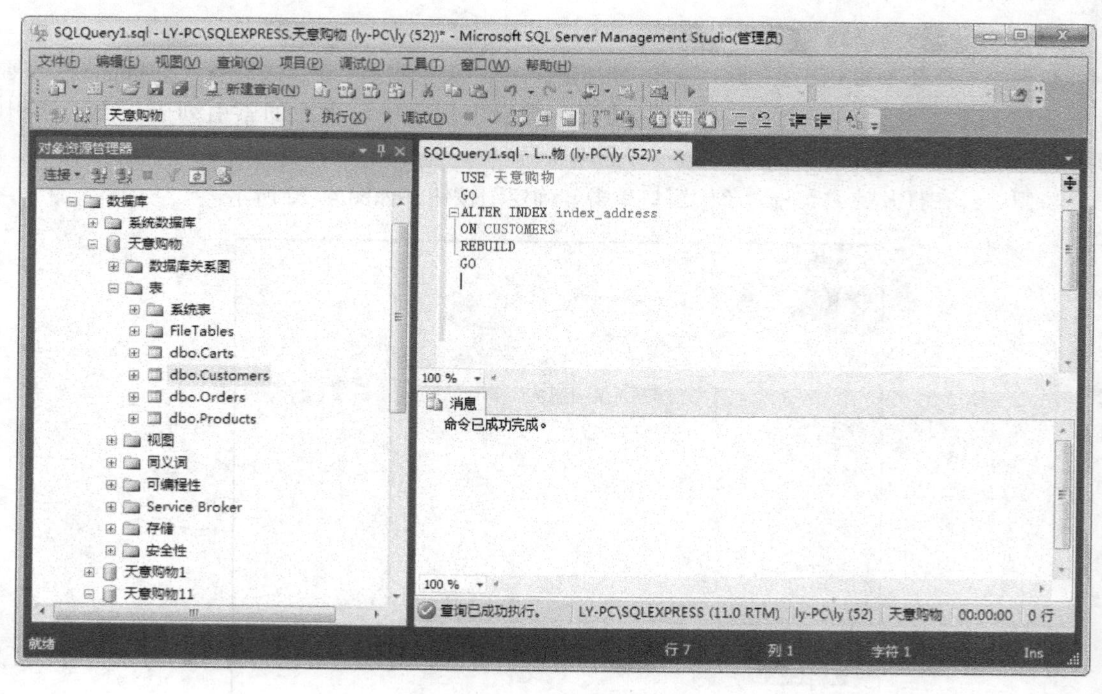

图 4-23 重建索引

2. 通过 DROP INDEX 命令实现删除索引

语法格式如下：

```
DROP  INDEX  {表名 | 视图名}.索引名 [,…n]
```

【例 4-10】删除表 customers 中的非聚集索引 index_address。

```
USE 天意购物
GO
DROP INDEX CUSTOMERS.INDEX_ADDRESS
GO
```

执行结果如图 4–24 所示。

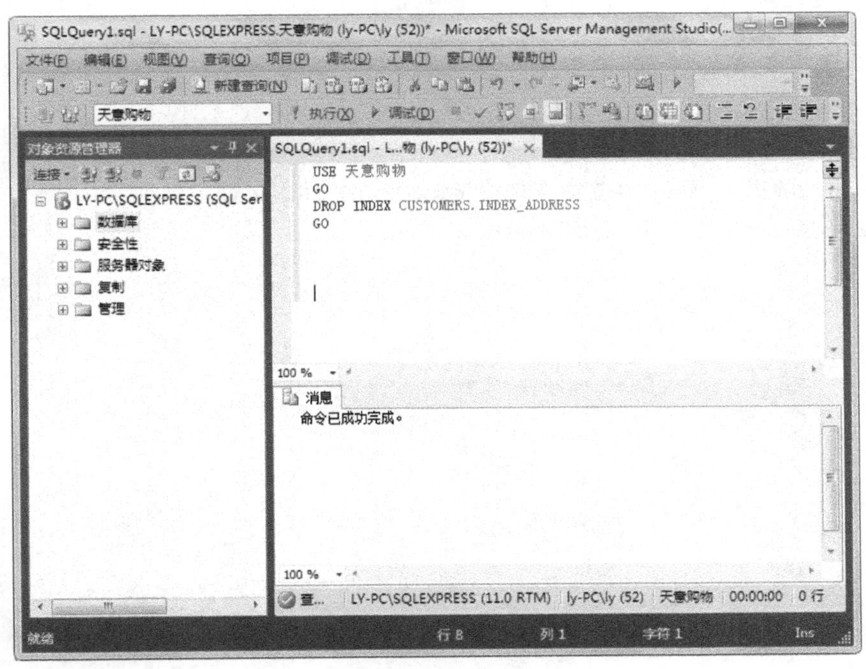

图 4–24 删除索引

技巧： 最好的索引维护方式是通过维护计划来重建索引，在业务系统空闲时将需要的索引重建，避免由于长时间修改数据造成的索引不连续。

综合实训

一、视图

1. 创建视图：

（1）将表 Student 中所有男生记录定义为一个视图（View_male），在 SQL 编辑器窗口中输入和执行语句，并通过对象资源管理器来显示结果。

（2）对表 Student 定义一个反映班级的视图（View_class），在 SQL 编辑器窗口中输入和执行语句，并通过对象资源管理器来显示结果。

（3）将表 Score 中学生的学号和成绩定义为一个视图（View_grade），在 SQL 编辑器窗口中输入和执行语句，并通过对象资源管理器来显示结果。

2. 使用视图：

（1）通过视图 View_male 查询所有男生记录的信息。

（2）通过视图 View_grade 查询学生成绩。

二、索引

1. 创建索引:

（1）对表 Course 中的课程号 CourseID 列建立一个名为 index_CouID 的唯一索引。

（2）为了方便按姓名和学号查找学生，为表 Student 创建一个基于“姓名，学号”组合列的组合索引 index_StuID_StuName。

（3）为学生成绩表 Score 创建一个基于“学号，课程编号”组合列的聚集、复合索引 index_StuCou。

2. 使用索引:

（1）使用 ALTER INDEX 语句重建索引 index_StuID_StuName。

（2）使用 DROP INDEX 删除索引 index_StuCou。

项目五 程序设计

在本项目里，将解决 3 个问题：如何利用 Transact-SQL（简称 T-SQL）对数据库进行程序设计；学会创建存储过程和使用存储过程；学会创建触发器和使用触发器。

项目内容：

- 任务一　T-SQL 编程。
- 任务二　存储过程。
- 任务三　触发器。

项目目标：

- 熟练掌握：熟练使用常量、变量和函数进行各类程序控制语句的设计，熟练创建和使用存储过程和触发器。
- 理解：能正确理解和使用流程控制语句，理解存储过程和触发器的管理。
- 初步了解 T-SQL 语句的基本知识、存储过程和触发器的作用及类型。

任务一　T-SQL 编程

T-SQL 是 SQL Server 的编程语言，是结构化查询语言（SQL）的增强版本。本任务介绍 T-SQL 编程的三大语句结构及游标的使用。

任务描述

在“天意购物”数据库的 product 表中查询商品为“网络数据库技术与应用-SQL Server 2012”的商品信息。如果找到该信息，显示相关信息；如果没有找到，显示“查无此信息”。

设计过程

步骤一：选择“开始”→“所有程序”→“Microsoft SQL Server 2012”→SQL Server Management Studio 命令，使用“Windows 身份验证”建立连接，进入 SSMS 窗口。

步骤二：在 SSMS 窗口的工具栏中，单击“新建查询(N)”按钮，创建一个查询窗口。

步骤三：在该窗口中输入：

```
USE 天意购物
IF EXISTS(SELECT * FROM PRODUCTS
WHERE PRODUCTNAME='网络数据库技术与应用-SQL SERVER 2012')
SELECT * FROM PRODUCTS
```

```
WHERE PRODUCTNAME='网络数据库技术与应用-SQL SERVER 2012'
ELSE
PRINT'查无此信息'
```

步骤四：单击工具栏中的“执行”按钮，执行结果如图 5-1 所示。

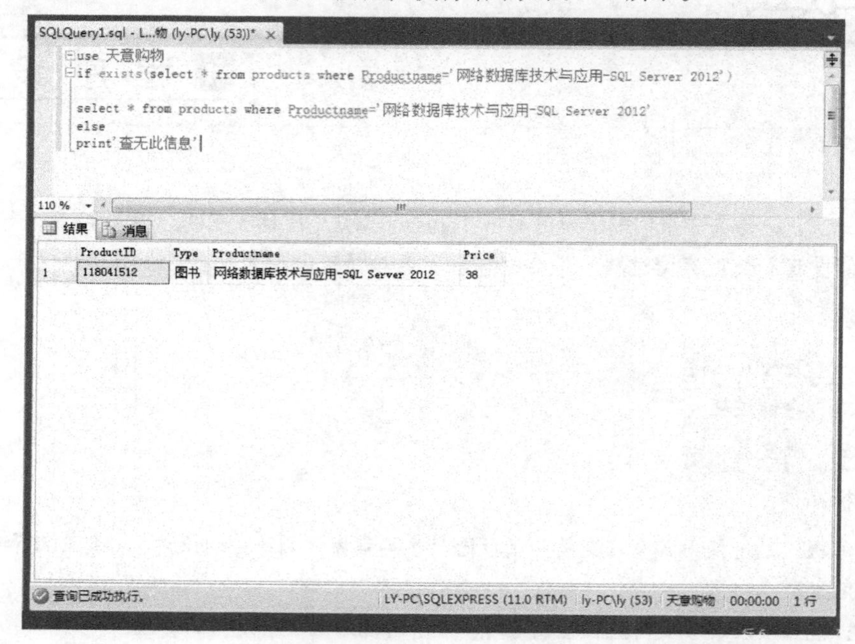

图 5-1　程序执行效果

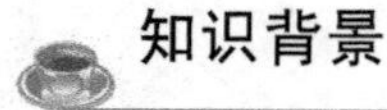

知识背景

一、顺序结构

顺序结构的程序设计是最简单的，只要按照解决问题的顺序写出相应的语句就行，它的执行顺序是自上而下，依次执行。

1. 注释语句

在程序中添加注释语句的作用可以增强程序的可读性。注释行语句在程序中不被执行，所以可以将暂时不用执行的语句先设置为注释语句，当需要使用时，再将其从注释语句变成可以执行语句。

（1）单行注释符： --，用于程序中只有一行注释文字。

（2）多行注释符：/*……*/用于程序中有多行注释文字。

2. 语句块

BEGIN END 语句能够将多个 T－SQL 语句组合成一个语句块，并将它们视为一个单元处理。

语法格式：

```
BEGIN
<命令行或程序块>
END
```

二、分支结构

顺序结构的程序虽然能解决顺序执行的简单问题，但不能做出判断与选择。对于要先做判断再选择的问题就要使用分支结构。

分支结构的执行是依据一定的条件选择执行路径，而不是严格按照语句出现的物理顺序。因此，可以根据某个变量或表达式的值判断，决定执行哪些语句或不执行哪些语句，使得问题简单化，易于理解。

1. 单分支语句

IF 或 IF　EXITS 语句。

语法格式：

```
IF  [ EXISTS] ( SELECT  STATEMENT)
{SQL_语句| STATEMENT_语句块}
[ ELSE [BOLEAN_EXPRESSION ]
{SQL_语句| STATEMENT_语句块}
```

【例 5-1】在“天意购物”数据库的 product 表中查询商品为“网络数据库技术与应用–SQL Server 2012”的商品信息。如果找到该信息，显示该产品存在。

```
USE 天意购物
IF  EXISTS(SELECT  *  FROM  PRODUCTS
WHERE  PRODUCTNAME='网络数据库技术与应用-SQL SERVER 2012')
SELECT '该产品存在'
```

执行结果如图 5-2 所示。

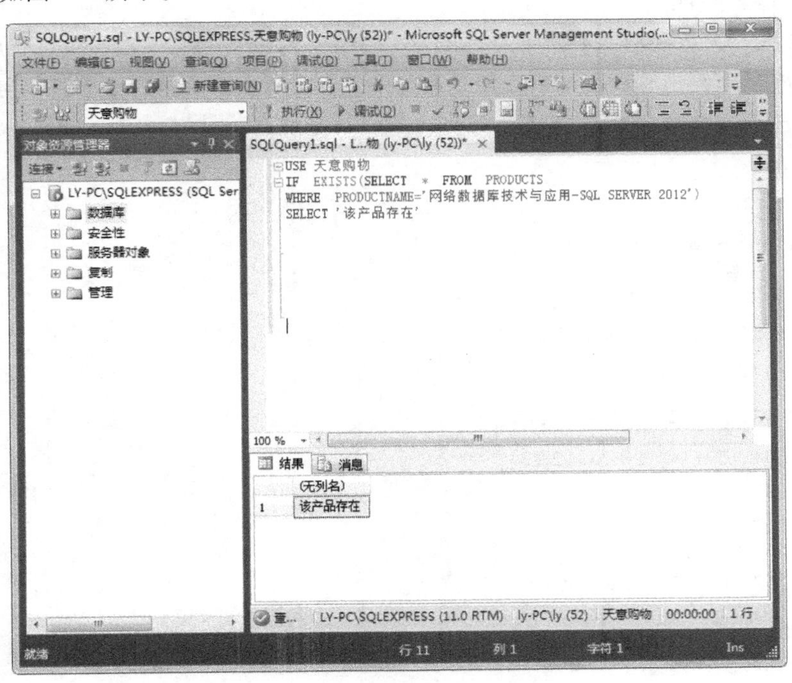

图 5-2　查询产品结果

2. 双分支语句 IF…ELSE

如图 5-3 所示。

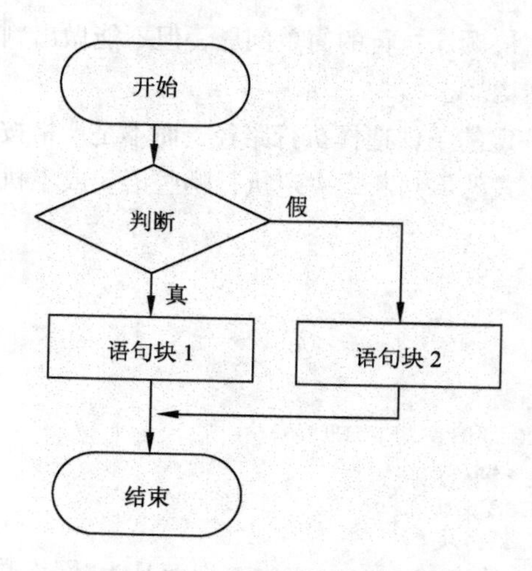

图 5-3 双分支语句流程图

语法格式：

```
IF <条件表达式>
{SQL_命令行或语句块}
ELSE
{SQL_命令行或语句块}
```

【例 5-2】在“天意购物”数据库的 carts 表中添加一个折扣字段（discount int），要求将客户号为 202000198 的客户所购商品的折扣信息通过以下方式写入：商品数量 3 件的可以打 7 折，3 件以上可以打 5 折（使用 if 语句完成）。

```
USE 天意购物
DECLARE  @QUA  INT
SET @QUA= (SELECT  SUM(QUANTITY)
FROM  Carts
WHERE  CUSTOMERID='202000198')
IF  @QUA=3
UPDATE  CARTS SET DISCOUNT=7
WHERE CUSTOMERID='202000198'
ELSE
IF   @QUA>3
UPDATE  CARTS SET DISCOUNT=5
WHERE  CUSTOMERID='202000198'
```

执行结果如图 5-4 所示。

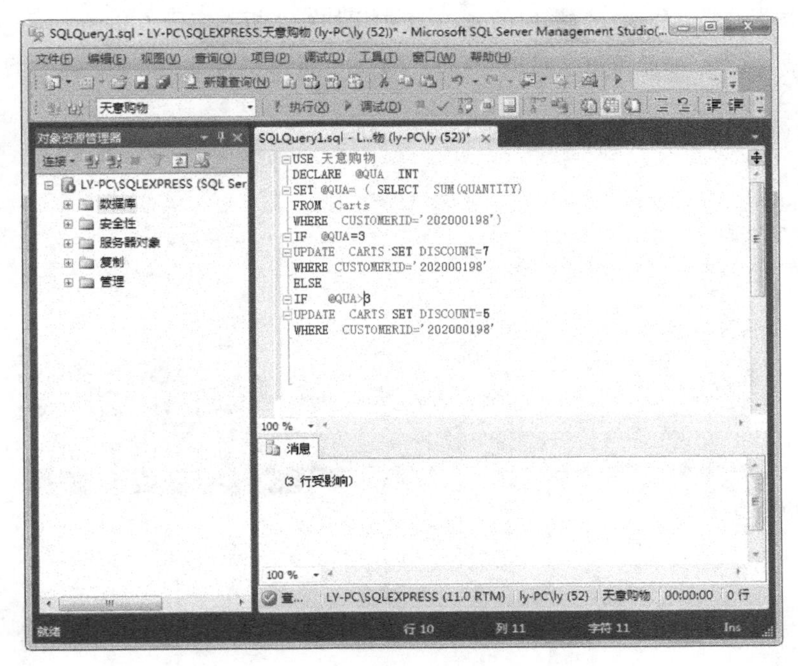

图 5-4　IF 语句执行结果

3. 多分支语句：CASE

IF 语句只能使程序有两个分支，当遇到需要有两个以上分支时，IF 语句就很不适用了，使用 CASE 语句可以实现多分支选择，其效果如图 5-5 所示。

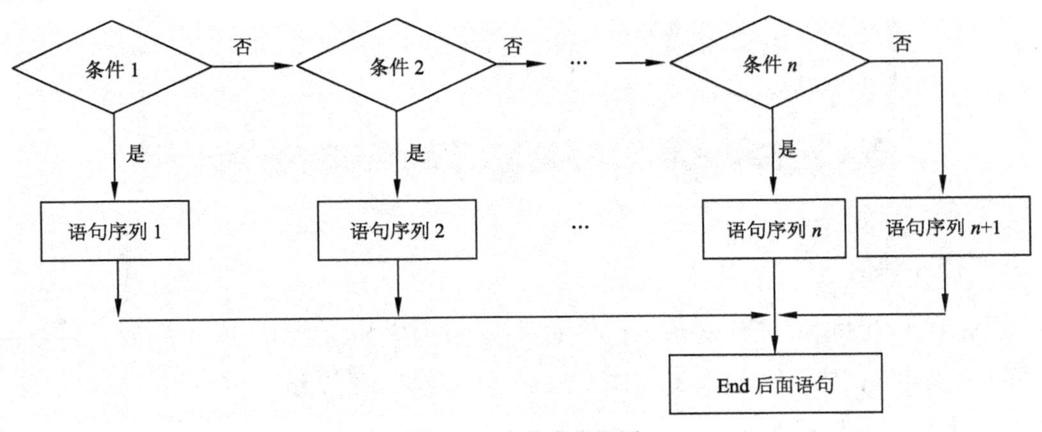

图 5-5　多分支流程图

语法格式：

```
CASE
WHEN 条件 1 THEN 语句序列 1
WHEN 条件 2 THEN 语句序列 2
…
WHEN 条件 N THEN 语句序列 N
[ELSE 语句序列 N+1]
END
```

【例 5-3】在“天意购物”数据库的 carts 表中添加一个折扣字段（discount int），要求通过以下方式写入折扣信息：商品数量 2 件的可以打 7 折，3 件可以打 5 折，3 件以上的打 3 折（使用 case 语句完成）。

```
UPDATE  CARTS SET DISCOUNT=
CASE
WHEN QUANTITY>3 THEN 3
WHEN QUANTITY=3  THEN 5
WHEN QUANTITY=2 THEN 7
END
```

执行结果如图 5-6 所示。

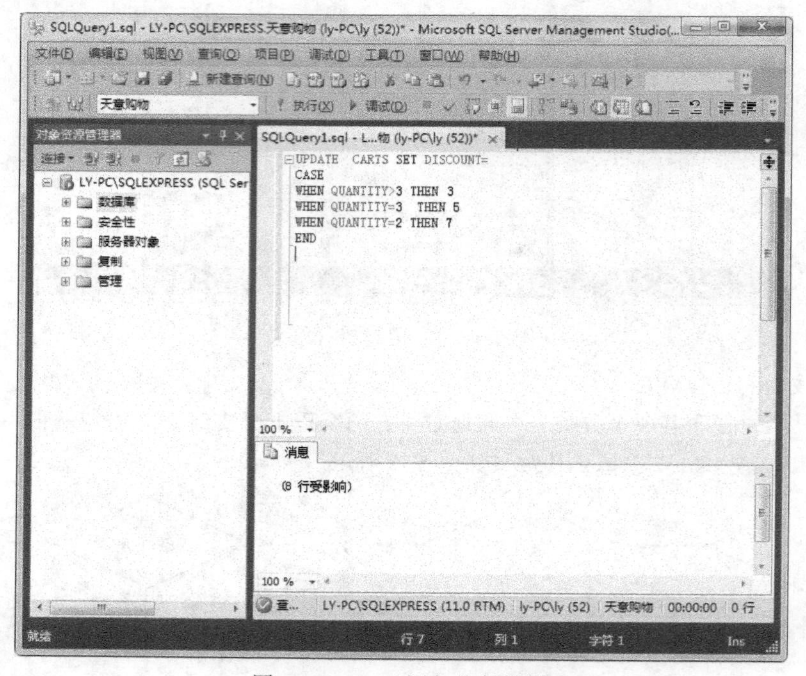

图 5-6　CASE 语句执行结果

三、循环结构

当 WHILE 语句中的条件表达式成立（布尔表达式的值为“真”）时，重复执行命令行或语句块，直到条件表达式的值为逻辑“假”，结束执行循环体，如图 5-7 所示。

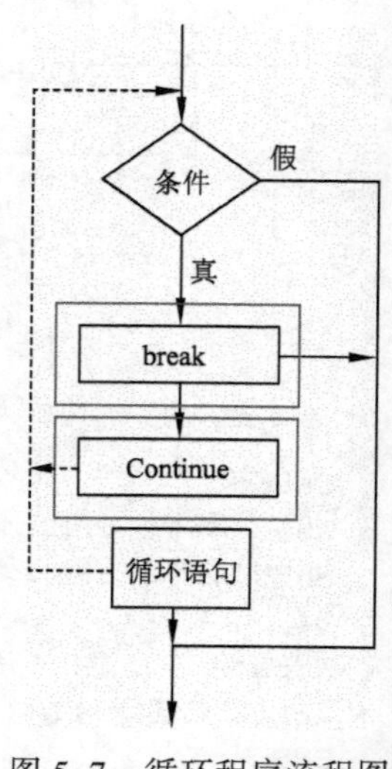

图 5-7　循环程序流程图

语法格式：

```
WHILE <条件表达式>
{ sql_语句 | statement_语句块 }
 [ BREAK ]
{ sql_语句 | statement_语句块 }
 [ CONTINUE ]
{ sql_语句 | statement_语句块 }
```

语句说明：

BREAK:

导致从最内层的 WHILE 循环中退出。将执行出现在 END 关键字后面的任何语句，END 关键字为循环结束标记。

CONTINUE:

使 WHILE 循环重新开始执行，忽略 CONTINUE 关键字后的任何语句。

【例 5-4】在“天意购物”数据库中，在 products 表中，计算类型为“清洁用品”的商品平均价格，如果平均价格低于 100 元，这时要求调整价格，将该类商品提高 1.5 倍，直到最高价格超过 150 元结束。

```
USE 天意购物
GO
WHILE (SELECT AVG(PRICE) FROM  PRODUCTS  WHERE TYPE='清洁用品') < 100
BEGIN
UPDATE  PRODUCTS
SET PRICE = PRICE * 1.5 WHERE TYPE='清洁用品'
SELECT MAX(PRICE)  FROM  PRODUCTS
IF (SELECT MAX(PRICE) FROM  PRODUCTS WHERE TYPE='清洁用品')> 150
BREAK
ELSE
CONTINUE
END
```

执行结果如图 5-8 所示。

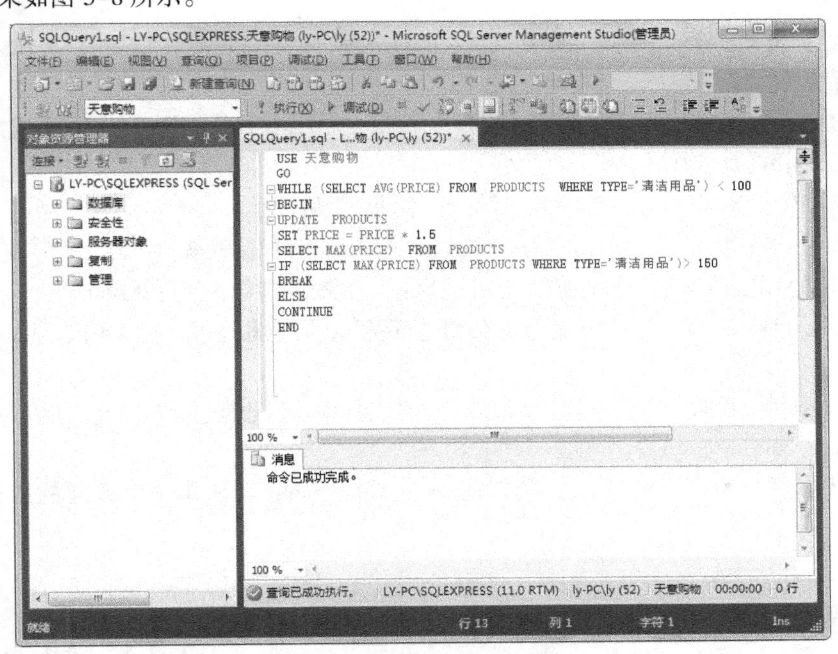

图 5-8 WHILE 语句执行结果

四、游标

在数据库中，游标是一个十分重要的概念。游标提供了一种对从表中检索出的数据进行操作的灵活手段，就本质而言，游标实际上是一种能从包括多条数据记录的结果集中每次提取一条记录的机制。

每一个游标必须有 5 个组成部分，如图 5-9 所示。

（1）DECLARE 游标。

（2）OPEN 游标。

（3）从一个游标中 FETCH 信息。

（4）CLOSE。

（5）DEALLOCATE 游标。

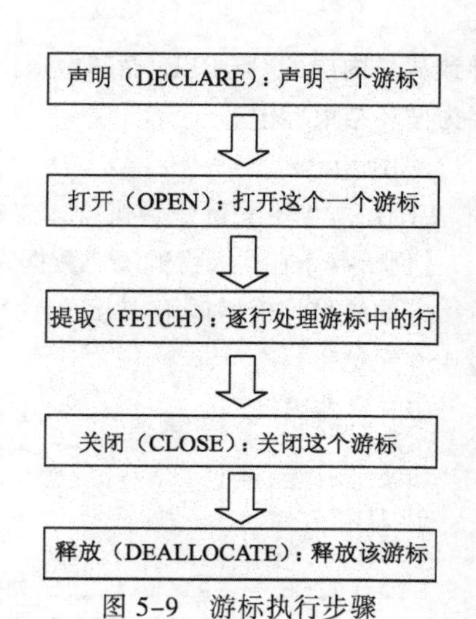

图 5-9 游标执行步骤

1. 声明游标

游标在使用之前，必须进行声明。通常使用 DECLARE 来声明一个游标，声明一个游标。

语法格式：

```
DECLARE 游标名称  CURSOR
[LOCAL |GLOBAL]
[FORWARD_ONLY |SCROLL]
[READ_ONLY |SCROLL_LOCKS | OPTIMISTIC]
FOR 查询语句
```

语句说明：

- LOCAL：定义游标的作用域仅限在其所在的批处理、存储过程或触发器中。当建立游标在存储过程执行结束后，游标会被自动释放。
- GLOBAL：指定该游标的作用域对连接是全局的。在由连接执行的任何存储过程或批处理中，都可以引用该游标名称。
- FORWARD_ONLY：指定游标只能从第一行滚动到最后一行。
- SCROLL：支持游标在定义的数据集中向任何方向，或任何位置移动。
- READ_ONLY：意味着声明的游标只能读取数据，游标不能做任何更新操作。
- SCROLL_LOCKS：将读入游标的所有数据进行锁定，防止其他程序进行更改，以确保更新的绝对成功。
- OPTIMISTIC：指明在数据被读入游标后，如果游标中某行数据已发生变化，那么对游标数据进行更新或删除可能会导致失败。

【例 5-5】要求为“天意购物”数据库中的 Customers 表创建一个普通的游标，定义为 Cus_cursor。

语句如下：

```
DECLARE  Cus_cursor CURSOR
FOR SELECT * FROM  Customers
```

执行结果如图 5-10 所示。

2. 打开游标

在声明了游标以后，就可以对游标进行操作，但是在使用游标之前必须打开游标。

语法格式：

```
OPEN {{ [GLOBAL] 游标名称} | 游标变量的名称}
```

语句说明：

GLOBAL：指定 cursor_name 为全局游标。

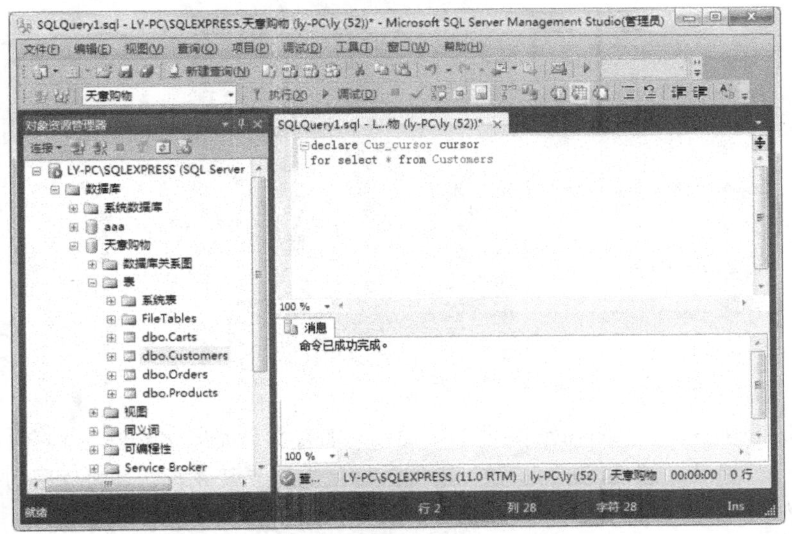

图 5-10　创建一个普通的游标

【例 5-6】要求打开“天意购物”数据库为 Customers 表所创建的游标 Cus_cursor。

语句如下：

```
OPEN Cus_cursor
```

执行结果如图 5-11 所示。

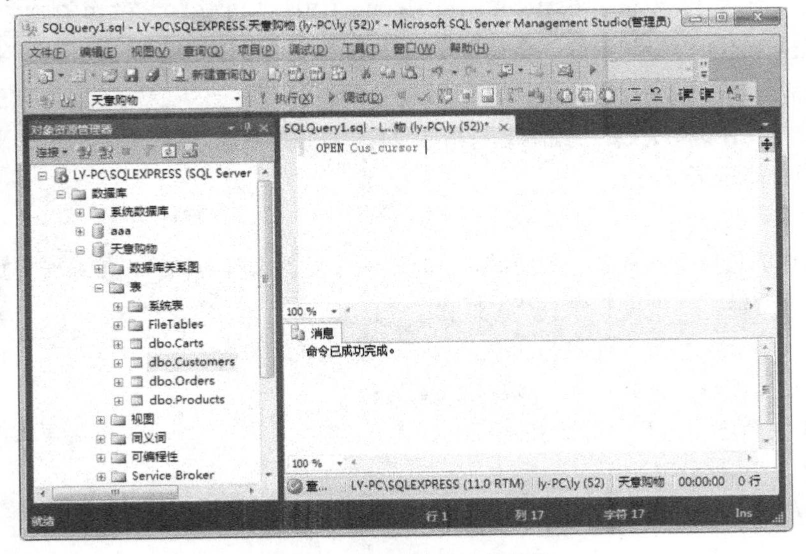

图 5-11　打开游标执行结果

3. 从游标中取数据

当打开一个游标之后，就可以读取游标中的数据。可以使用 FETCH 命令读取游标中的某一行数据。一条 FETCH 语句一次可以将一条记录放入程序员指定的变量中。事实上，FETCH 语句是游标使用的核心。

语法格式：

```
FETCH
[ NEXT | PRIOR | FIRST | LAST
| ABSOLUTE {n | @nvar}
]
FROM
{{[GLOBAL]游标名称} | @游标变量的名称}
```

语句说明：

- NEXT：下移一条记录。
- PRIOR：上移一条记录。
- FIRST：第一条记录。
- LAST：最后一条记录。
- ABSOLUTE N：如果 n 或@nvar 为正数，返回从游标头开始的第 n 行，并将返回的行变成新的当前行；如果 n 或@nvar 为负数，返回游标尾之前的第 n 行，并将返回的行变成新的当前行；如果 n 或@nvar 为 0，则没有行返回。

【例 5-7】使用 FETCH 语句来检索游标 Cus_cursor 中可用的数据。

```
FETCH  NEXT  FROM  Cus_cursor
WHILE  @@FETCH_STATUS=0
BEGIN
FETCH NEXT FROM CUS_CURSOR
END
```

执行结果如图 5-12 所示。其中，WHILE @@FETCH_STATUS=0 语句中@@FETCH_STATUS 状态，以确定是否还可以继续取数。全局变量@@FETCH_STATUS 中的状态值有 3 种：

- 0 表示成功执行 FETCH 语句。
- 1 表示 FETCH 语句失败，例如移动行指针使其超出了结果集。
- 2 表示被提取的行不存在。

4. 关闭游标

在游标操作的最后请不要忘记关闭游标，这是一个好的编程习惯，以使系统释放游标占用的资源。暂时关闭游标，还可再使用 OPEN 打开。

语法格式：

```
CLOSE  {{[GLOBAL]游标名称} |游标变量的名称}
```

【例 5-8】关闭已经打开的游标 Cus_cursor。

```
CLOSE  Cus_cursor
```

执行结果如图 5-13 所示。

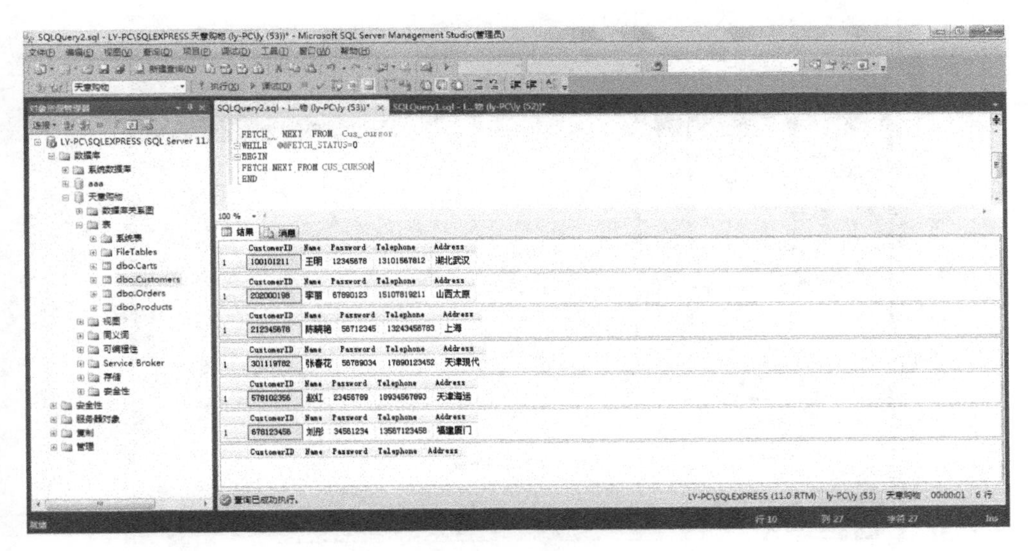

图 5—12 检索游标 Cus_cursor

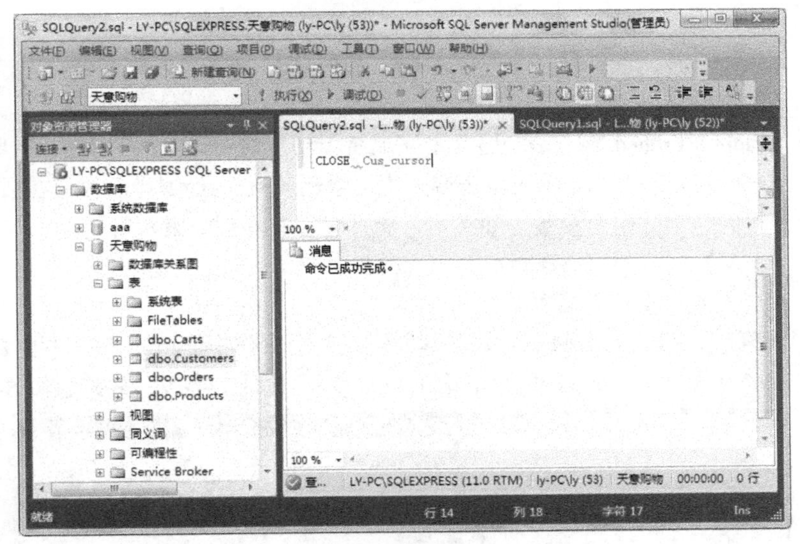

图 5–13 关闭游标 Cus_cursor

5. 释放游标

当游标关闭之后，并没有在内存中释放所占用的系统资源，所以可以使用 DEALLOCATE 命令删除游标引用。

语句格式：

```
DEALLOCATE {{[GLOBAL]游标名称} | @游标变量的名称}
```

【例 5–9】在“天意购物”数据库中，完成了对游标 Cus_cursor 的定义、打开、提取、关闭操作后，要求释放该游标。

```
DEALLOCATE   Cus_cursor
```

执行结果如图 5–14 所示。

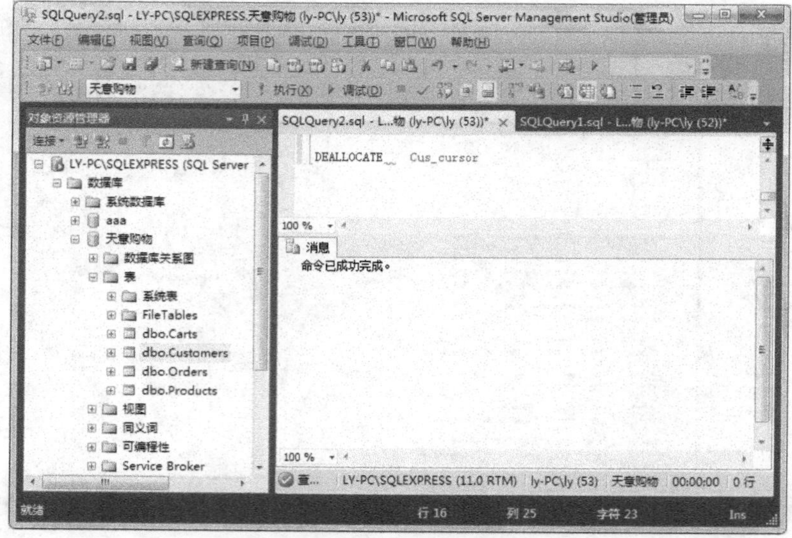

图 5-14　释放游标

任务二　存 储 过 程

存储过程（Stored Procedure）是一组为了完成特定功能的 T-SQL 语句集，这些 T-SQL 语句代码像一个方法一样实现一些功能（对单表或多表的增删改查），经编译后存储在数据库中。用户通过指定存储过程的名字并给出参数（如果该存储过程带有参数）来执行它。

任务描述

使用 SSMS 方式，对“天意购物”数据库创建查询个人购物信息的存储过程 PRO_BUY，要求显示个人的 name（姓名）、telephone（电话）、address（地址）字段，效果如图 5-15 所示。

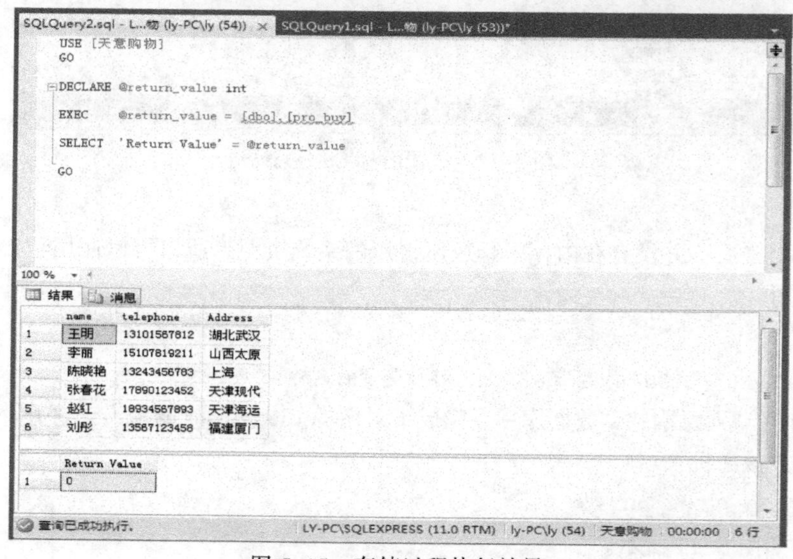

图 5-15　存储过程执行效果

设计过程

步骤一：选择“开始”→“所有程序”→“Microsoft SQL Server 2012”→“SQL Server Management Studio”命令，使用“Windows 身份验证”建立连接，进入 SSMS 窗口。

步骤二：在“对象资源管理器”窗格中依次展开数据库“天意购物”→“可编程性”→“存储过程”。

步骤三：右击“存储过程”结点，选择“新建存储过程”命令，如图 5-16 所示；接下来，在右边窗格显示存储过程的模板，如图 5-17 所示。

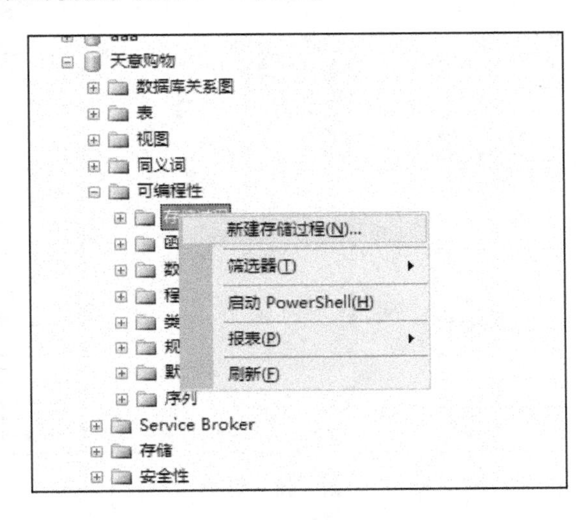

图 5-16　选择“新建存储过程”命令

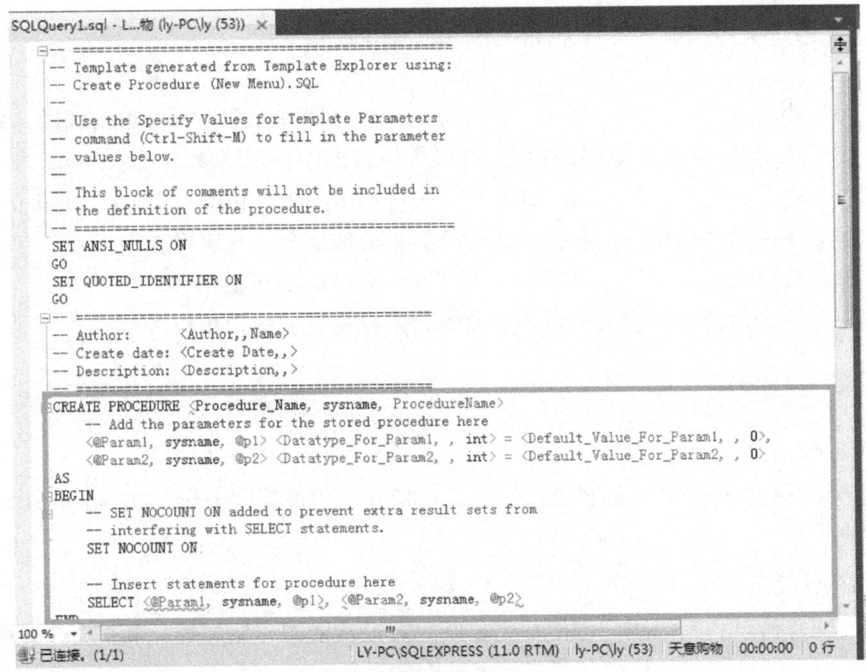

图 5-17　存储过程的模板

步骤四：修改上图标识部分内容，并选择执行（按【F5】键），如图 5-18 所示。

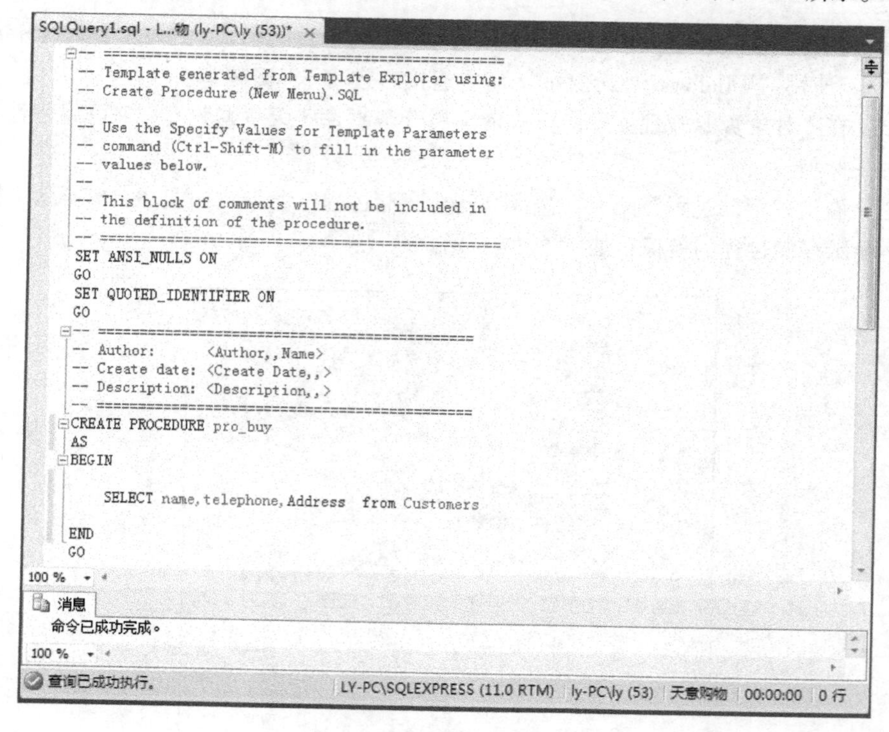

图 5-18 执行效果

知识背景

一、存储过程的优点

（1）存储过程只在创造时进行编译，以后每次执行存储过程都不需再重新编译，而一般 SQL 语句每执行一次就编译一次,所以使用存储过程可提高数据库执行速度。

（2）当对数据库进行复杂操作时（如对多个表进行 Update、Insert、Query、Delete 时），可将此复杂操作用存储过程封装起来与数据库提供的事务处理结合一起使用。

（3）存储过程可以重复使用，可减少数据库开发人员的工作量。

（4）安全性高，可设定只有某用户才具有对指定存储过程的使用权。

二、存储过程分类

1. 系统存储过程

以 sp_开头，用来进行系统的各项设定，取得信息，相关管理工作，如 sp_help 就是取得指定对象的相关信息。

2. 本地存储过程

用户创建的存储过程是由用户创建并完成某一特定功能的存储过程，事实上一般所说的存储过程就是指本地存储过程，又称作用户自定义的存储过程。

3. 临时存储过程

临时存储过程又分为两种存储过程：

一是本地临时存储过程，以井字号(#)作为其名称的第一个字符，则该存储过程将成为一个存放在 tempdb 数据库中的本地临时存储过程，且只有创建它的用户才能执行它。

二是全局临时存储过程，以两个井字号(##)号开始，则该存储过程将成为一个存储在 tempdb 数据库中的全局临时存储过程，全局临时存储过程一旦创建，以后连接到服务器。

4. 远程存储过程

在 SQL Server 2012 中，远程存储过程（Remote Stored Procedures）是位于远程服务器上的存储过程，通常可以使用分布式查询和 EXECUTE 命令执行一个远程存储过程。

5. 扩展存储过程

以 XP_开头，用来调用操作系统提供的功能。

三、使用 T- SQL 语句创建存储过程

1. 不带参数的存储过程

语法格式：

```
Create PROCEDURE 存储过程名 [ number ]
AS sql_语句
```

语句说明：

其中 Number 是可选的整数，用来对同名的过程分组，以便用一条 Drop PROCEDURE 语句即可将同组的过程一起除去。

【例 5-10】使用 T-SQL 语句创建存储过程 PRO_PROD1，查询 products 表中“家用电器”的商品信息。语句如下：

```
USE 天意购物
GO
CREATE PROCEDURE PRO_PROD1
AS
SELECT * FROM PRODUCTS
WHERE TYPE ='家用电器'
GO
```

执行结果如图 5-19 所示。

2. 带有参数的存储过程

语法格式：

```
CREATE PROCEDURE 存储过程名 [ number ]
@参数 1 数据类型 [VARYING] [=默认值] [OUTPUT],
[…
@参数 1 数据类型 [=默认值] [OUTPUT]]
AS sql_语句
```

语句说明：

- VARYING：指定作为输出参数支持的结果集（由存储过程动态构造，内容可以变化），仅适用于游标参数。

- OUTPUT：使用 OUTPUT 参数可将信息返回给调用过程。Text、ntext 和 image 参数可用作 OUTPUT 参数。使用 OUTPUT 关键字的输出参数可以是游标占位符。

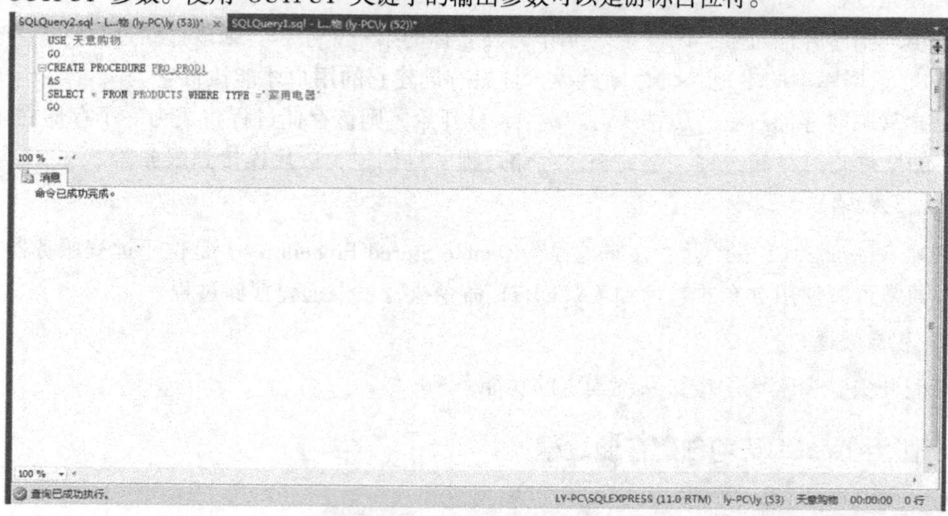

图 5-19 执行结果

【例 5-11】使用 T-SQL 语句创建存储过程 PRO_PROD2，查询 products 表中不同类型的商品信息。语句如下：

```
USE 天意购物
GO
CREATE PROCEDURE PRO_PROD2
@TYPE CHAR(8)
AS
SELECT * FROM PRODUCTS WHERE TYPE =@TYPE
GO
```

执行结果如图 5-20 所示。

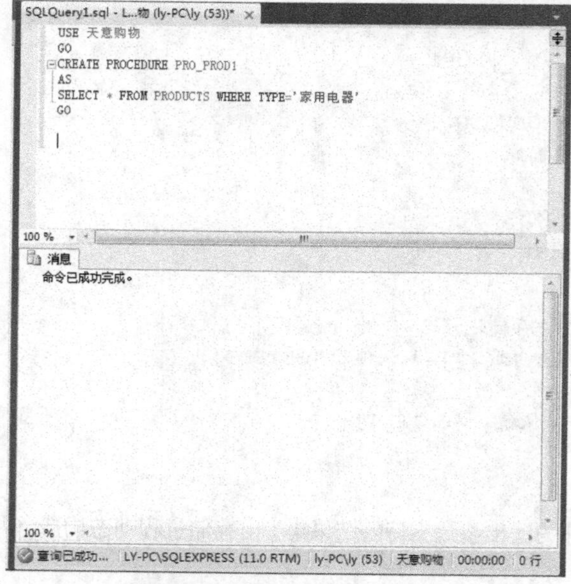

图 5-20 例 5-6 执行结果

四、使用 T-SQL 语句执行存储过程

```
EXEC[UTE] 存储过程名 [参数值列表]
```

【例 5-12】使用 T-SQL 语句调用存储过程 PRO_PROD1。

```
EXECUTE  PRO_PROD1
```

执行结果如图 5-21 所示。

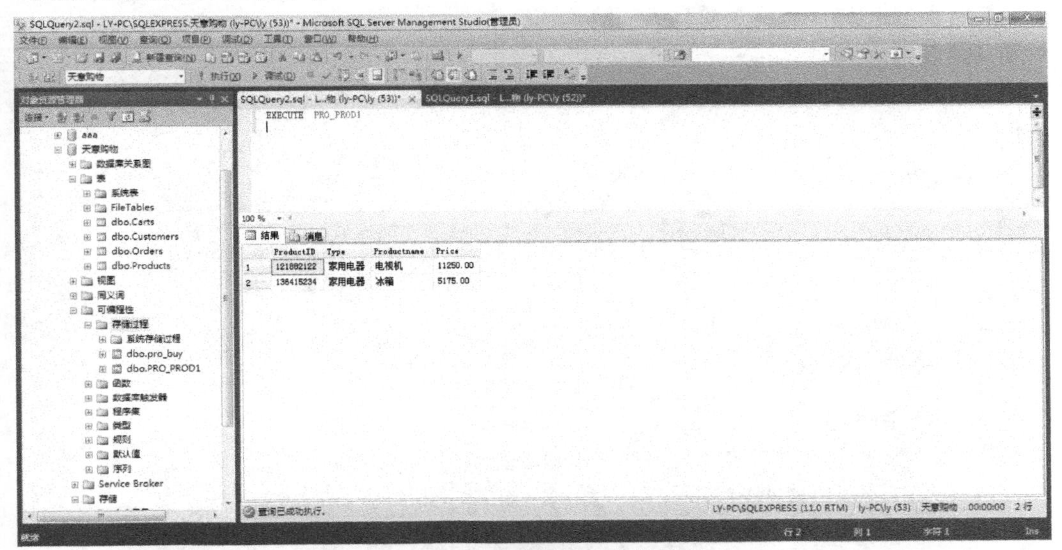

图 5-21　不带参数调用存储过程

【例 5-13】使用 T-SQL 语句调用存储过程 PRO_PROD2，查询“家用电器”的商品信息。

```
EXECUTE  PRO_PROD2 '家用电器'
EXEC   PRO_PROD2 '家用电器'
EXECUTE  PRO_PROD2  @TYPE ='家用电器'
```

执行结果如图 5-22 所示。

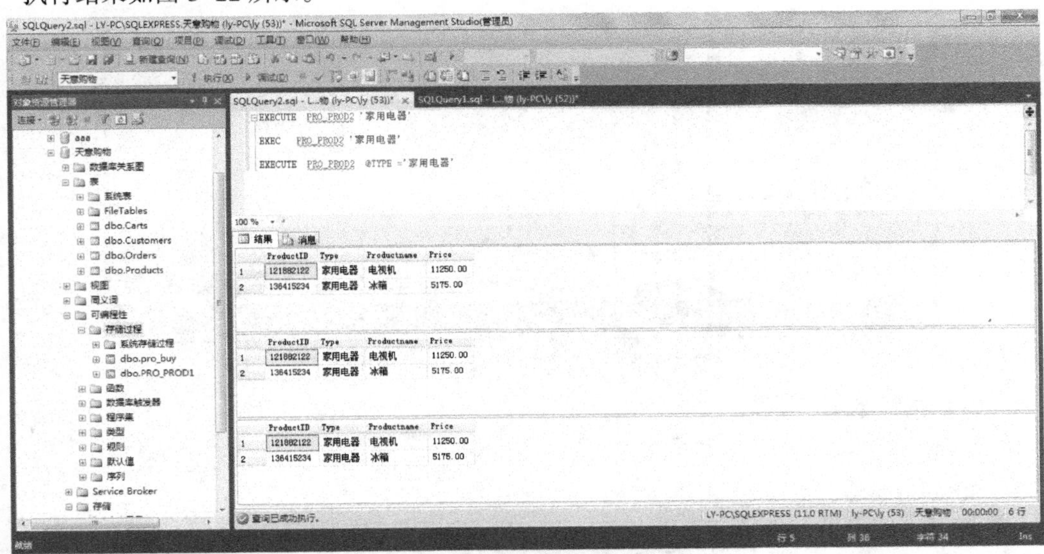

图 5-22　带参数调用存储过程

五、使用 T-SQL 语句修改、查看、删除存储过程

1. 修改存储过程

```
ALTER  [PROCEDURE] 存储过程名
{@参数 1 数据类型}[VARYING][= 默认值][OUTPUT],
{@参数 n 数据类型}[= 默认值][OUTPUT]]
AS SQL 语句 (…n)
```

【例 5-14】使用 T-SQL 语句修改存储过程 PRO_PROD2，将参数的长度修改为 10 个字符。语句如下：

```
USE 天意购物
GO
ALTER  PROCEDURE  PRO_PROD2
@TYPE  CHAR(10)
AS
SELECT  *  FROM  PRODUCTS
WHERE  TYPE =@TYPE
GO
```

执行结果如图 5-23 所示。

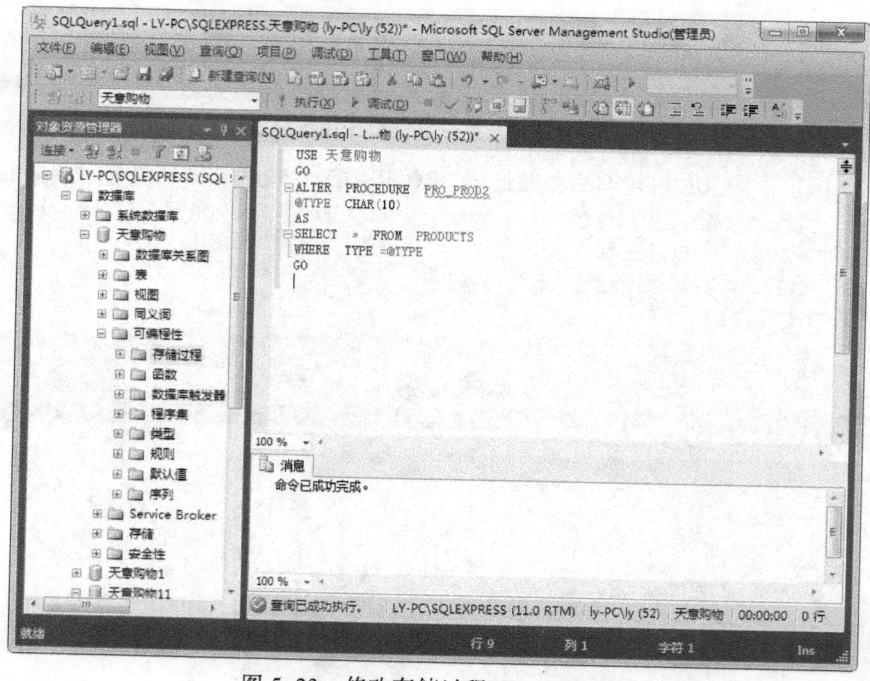

图 5-23 修改存储过程 PRO_PROD2

2. 查看存储过程

语句格式：

```
SP_HELP 存储过程名
```

【例 5-15】使用 T-SQL 语句查看存储过程 PRO_PROD2，语句代码如下。

```
SP_HELP PRO_ PROD2
```

执行结果如图 5-24 所示。

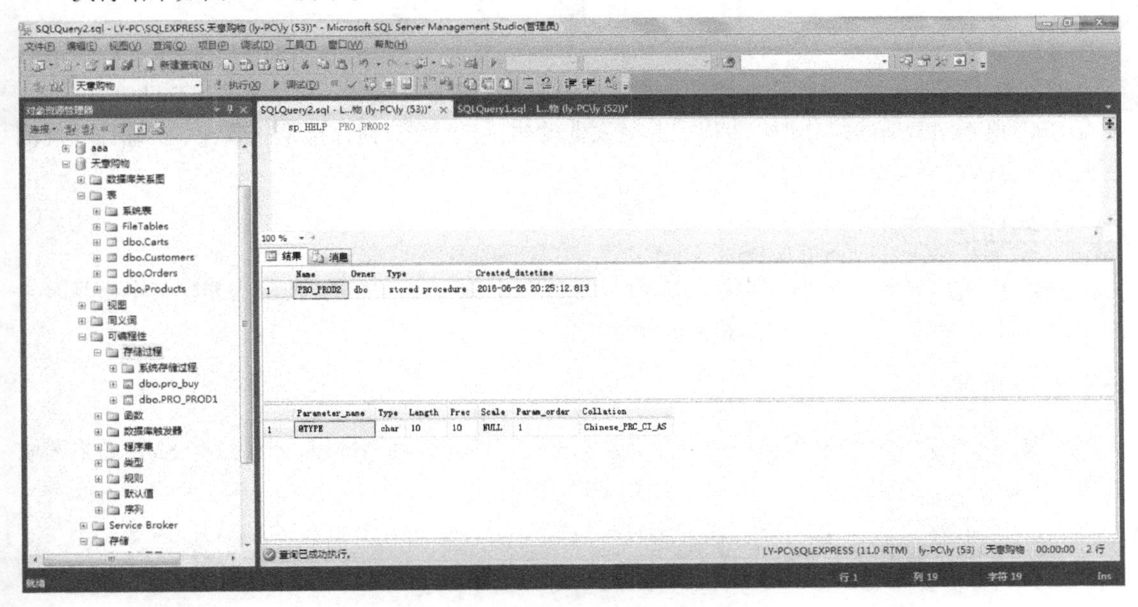

图 5-24 查看存储过程 PRO_PROD2

3. 删除存储过程

语句格式：

```
DROP  PROCEDURE 存储过程名
```

【例 5-16】使用 T-SQL 语句删除存储过程 PRO_PROD2。语句如下：

```
DROP PROCEDURE  PRO_PROD2
```

执行结果如图 5-25 所示。

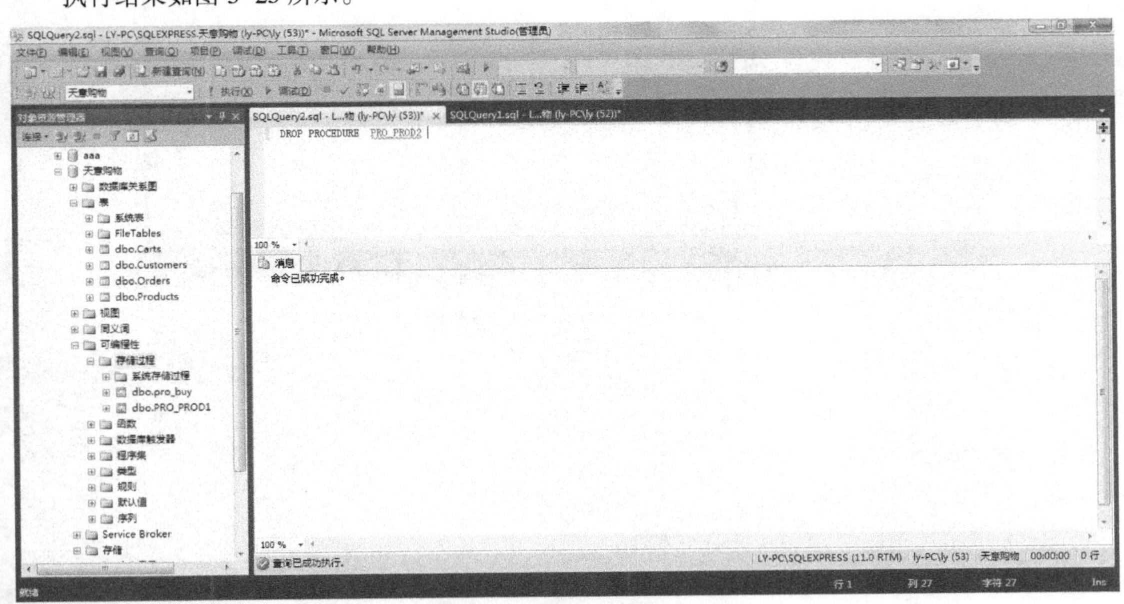

图 5-25 删除存储过程 PRO_PROD2

任务三　触　发　器

触发器（Trigger）是数据库对象的一种，编码方式类似存储过程，与某张表（Table）相关联。当有 DML 语句对表进行操作时，可以引起触发器的执行，达到对插入记录一致性、正确性和规范性控制的目的。

任务描述

使用 T_SQL 为表 Products 创建 DML 触发器名为 delete_productid，使得当删除某个商品时，同时删除表 Carts 和表 Orders 内的相同商品。

设计过程

步骤一：打开 SSMS 管理工具，单击工具栏中的“新建查询”按钮，此时在 SSMS 的主区域新建一个选项卡，在此区域写入语句，如图 5-26 所示。

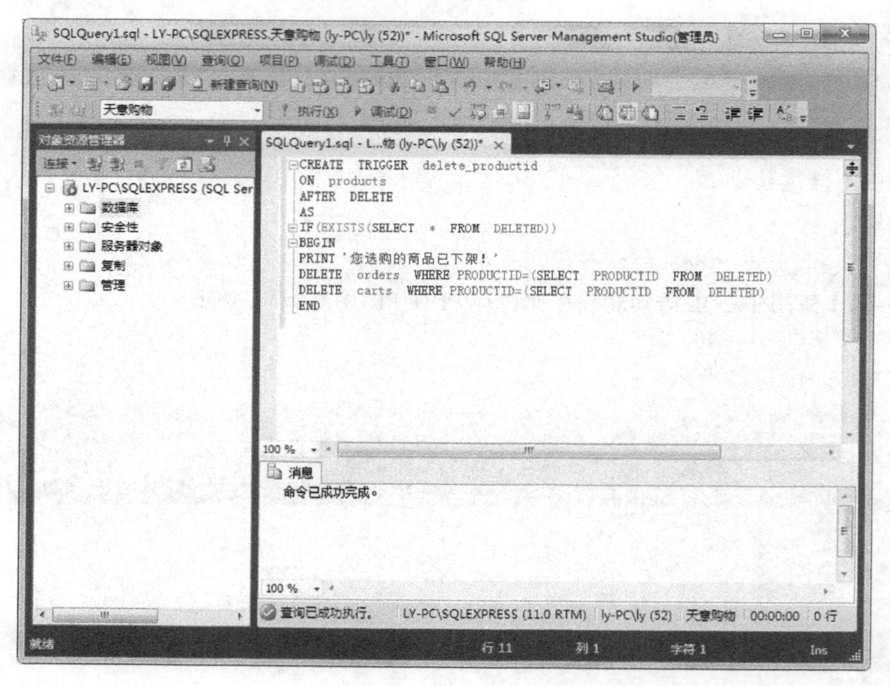

图 5-26　创建 DML 触发器

```
CREATE  TRIGGER  delete_productid
ON  products
AFTER  DELETE
AS
IF(EXISTS(SELECT  *  FROM  DELETED))
BEGIN
PRINT '您选购的商品已下架！'
```

```
DELETE  orders  WHERE PRODUCTID=(SELECT  PRODUCTID  FROM  DELETED)
DELETE  carts  WHERE PRODUCTID=(SELECT  PRODUCTID  FROM  DELETED)
END
```

步骤二：单击“执行”按钮，触发器已经创建完成，如图 5-27 所示，从对象资源管理窗口中能看到所创建的触发器 delete_productid。

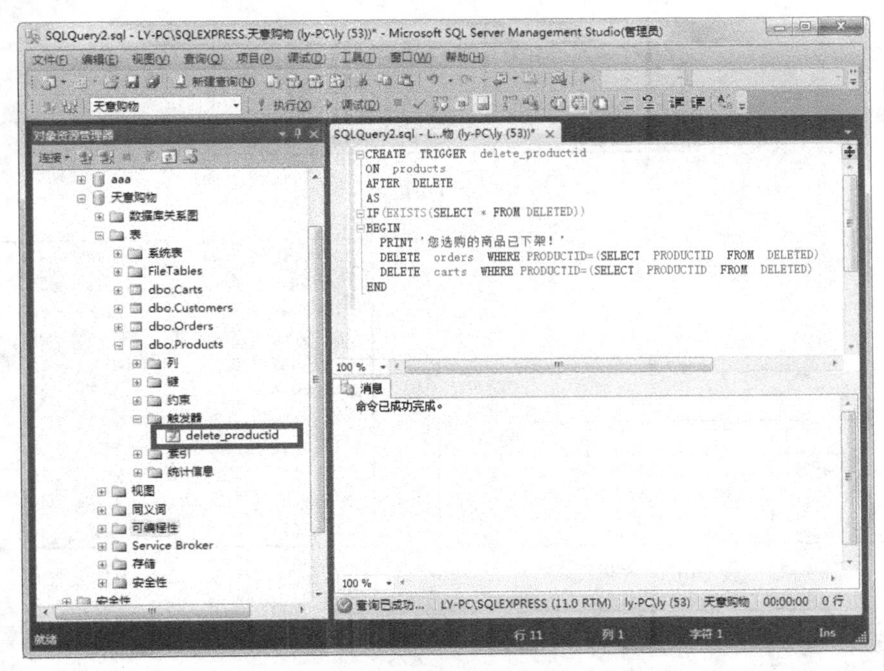

图 5-27　触发器创建完成

步骤三：将表 ProductID 中的商品编号为 293269110 的商品删除，在“新建查询”窗口写入语句：

```
delete  Products  where ProductID='293269110'
```

步骤四：执行删除语句，如图 5-28 所示。

下面看一下三张表执行触发器的前后变化。

执行前的效果如图 5-29～图 5-31 所示。

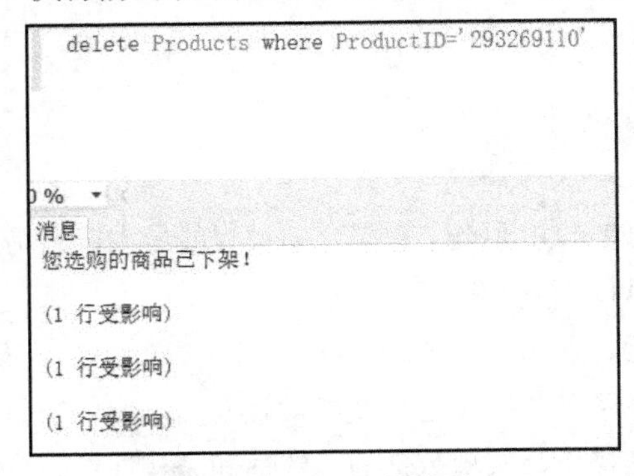

图 5-28　执行删除语句

ProductID	Type	Descript...	Price
118041512	图书	网络数据...	38
121882122	家用电器	电视机	5000
136415234	家用电器	冰箱	2300
169028667	服装	羽绒服	1000
173889025	食品	牛奶	90.55
173889123	食品	咖啡	46.5
293268132	清洁用品	洗衣液	65.3
293268157	清洁用品	洗衣粉	23
293268791	洗化用品	牙膏	45
293269110	清洁用品	洗面奶	78.5
293269111	洗化用品	沐浴露	34.5

图 5-29　表 ProductID 效果图

执行触发操作后，三张表中商品编号为293269110的商品全部删除，效果如图5-32～图5-34所示。

CustomerID	ProductID	CartID	Quantity
202000198	293269110	1000112	2
202000198	173889025	1000112	1
578102356	173889123	2001234	3
301119782	121882122	1234501	1
678123456	118041512	2312348	2
212345678	121882122	1122345	1
578102356	118041512	2001234	1
202000198	118041512	1000112	1

图 5-30　表 Carts 效果图

CustomerID	ProductID	OrderID	OrderDate	PaidDate
678123456	118041512	11659247	2016-01-07 0...	2016-01-08 0...
202000198	293269110	22567890	2016-01-26 0...	2016-01-30 0...
578102356	173889123	33123456	2016-01-28 0...	2016-01-28 0...
212345678	121882122	47298451	2016-03-02 0...	2016-03-02 0...
301119782	121882122	55234562	2016-02-28 0...	2016-03-02 0...

图 5-31　表 Orders 效果图

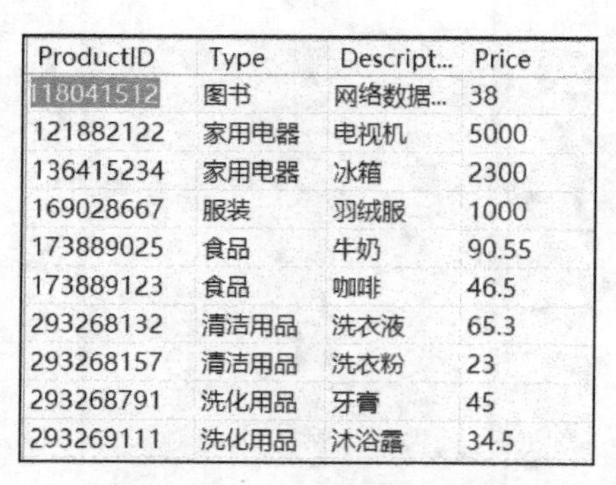

ProductID	Type	Descript...	Price
118041512	图书	网络数据...	38
121882122	家用电器	电视机	5000
136415234	家用电器	冰箱	2300
169028667	服装	羽绒服	1000
173889025	食品	牛奶	90.55
173889123	食品	咖啡	46.5
293268132	清洁用品	洗衣液	65.3
293268157	清洁用品	洗衣粉	23
293268791	洗化用品	牙膏	45
293269111	洗化用品	沐浴露	34.5

图 5-32　表 ProductID 效果图

CustomerID	ProductID	CartID	Quantity
202000198	173889025	1000112	1
578102356	173889123	2001234	3
301119782	121882122	1234501	1
678123456	118041512	2312348	2
212345678	121882122	1122345	1
578102356	118041512	2001234	1
202000198	118041512	1000112	1

图 5-33　表 Carts 效果图

CustomerID	ProductID	OrderID	OrderD...	PaidDate
678123456	118041512	11659247	2016-01...	2016-01...
578102356	173889123	33123456	2016-01...	2016-01...
212345678	121882122	47298451	2016-03...	2016-03...
301119782	121882122	55234562	2016-02...	2016-03...

图 5-34　表 Orders 效果图

注意：如相关表格有外键约束，会与触发器执行产生冲突。

知识背景

一、触发器

1. 触发器的概念

触发器是特殊类型的存储过程，它包括了大量的T-SQL语句。它与存储过程的最大区别是触发器不能被直接调用执行，只能由事件触发而自动执行。

2. 触发器的特点

（1）触发器是自动执行的，当用户对表中数据作了某些操作之后立即被触发。

（2）触发器可以通过数据库中的相关表实现级联操作，实现数据的一致性和完整性。

（3）触发器可以定义更为复杂的约束，可以引用其他表中的列，而 CHECK 约束无法做到。

（4）触发器可以评估数据修改前后的表状态，并根据差异采取相应对策。

二、触发器的分类

1. DML 触发器

当数据库中发生数据操纵语言（DML）事件（如 INSERT）时，将触发 DML 触发器。DML 事件包括在指定表或视图中修改数据的 INSERT、UPDATE、DELETE 语句，但不包括 SELECT 语句。因为该语句只是进行查询，并未对数据进行更改。

（1）DML 触发器按触发时间分为：

- after 触发器（之后触发）：after 触发器要求只有执行某一操作 insert、update、delete 之后触发器才被触发，且只能定义在表上。触发过程的示意图如图 5-35 所示。
- instead of 触发器（之前触发）：instead of 触发器表示并不执行其定义的操作（insert、update、delete）而仅是执行触发器本身。既可以在表上定义 instead of 触发器，也可以在视图上定义。触发过程的示意图，如图 5-36 所示。

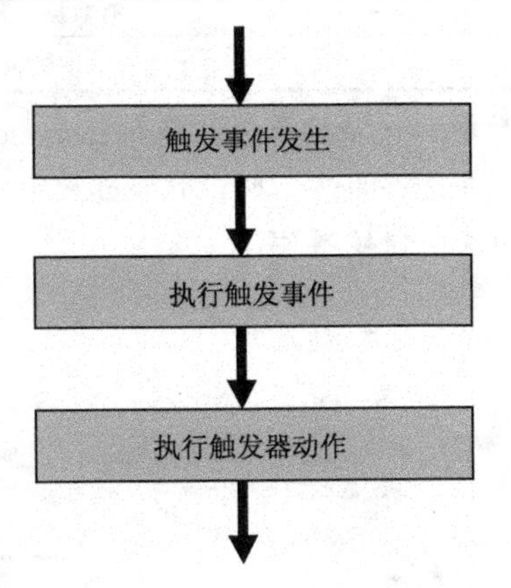

图 5-35 After 触发器执行示意图

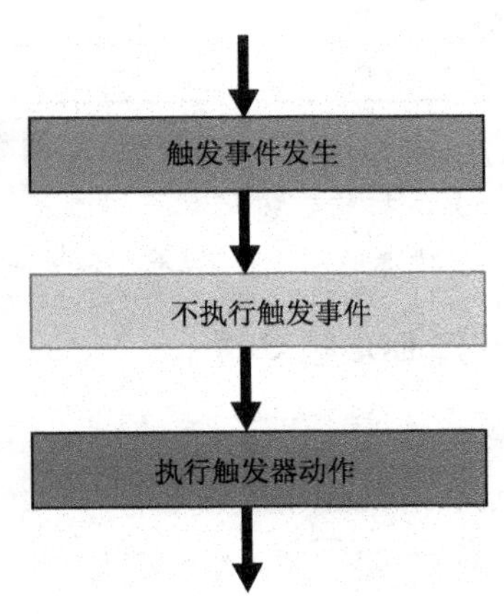

图 5-36 After 触发器执行示意图

（2）DML 触发器按触发事件分为：

- insert 触发器。
- update 触发器。
- delete 触发器。

（3）DML 触发器的主要作用：

- DML 触发器可以防止恶意或错误的 INSERT、UPDATE 以及 DELETE 操作，并强制执行比 CHECK 约束定义的限制更为复杂的其他限制。
- DML 触发器可以评估数据修改前后的表的状态，并根据该差异采取措施。
- 一个表中可以定义多个同类 DML 触发器（INSERT、UPDATE、DELETE），这样便可在一个数据修改语句中触发多个 DML 触发器采取不同的操作。

2. DDL 触发器

当服务器或数据库中发生数据定义语言（DDL）事件（如 CREATE TABLE）时，将调用 DDL

触发器。

DDL 触发器与 DML 触发器都可以自动触发完成相应的操作，可以使用 CREATE TRIGGER 语句创建。但是，DDL 触发器的触发事件主要是 CREATE、ALTER、DROP 以及 GRANT、DENY、REVOKE 等语句。

3. 触发器有两个特殊的表

插入表（instered 表）和删除表（deleted 表）：这两张是逻辑表也是虚表，创建在内存中，不会存储在数据库中。而且这两张表都是只读的，只能读取数据而不能修改数据。这两张表的结果总是与被改触发器应用的表的结构相同。当触发器完成工作后，这两张表就会被删除。

Inserted 表的数据是插入或者修改后的数据，而 deleted 表的数据是更新前的或是删除的数据。

当对某张表建立触发器后，进行如下操作，Inserted 表和 Deleted 表的状态如表 5-1 所示。

表 5-1 Inserted 表和 Deleted 表状态

操　作	Inserted 表	Deleted 表
1.插入操作（Insert）	有数据	无数据
2.删除操作（Delete）	无数据	有数据
3.更新操作（Update）	有数据（新数据）,	有数据（旧数据）

注意：Update 操作的时候就是先删除表记录，然后增加一条记录。这样在 inserted 和 deleted 表就都有 update 后的数据记录了。另外，触发器本身就是一个事务，所以在触发器中可以对修改数据进行一些特殊的检查。如果不满足可以利用事务回滚，撤销操作。

三、创建 DDL 触发器

语法格式：

```
CREATE TRIGGER 触发器名
 ON  [{ALL SERVER | DATABASE}]
{FOR |AFTER |{event_type }}
AS
SQL 语句
```

语句说明：

- ALL SERVER 表示 DDL 触发器的作用域是整个服务器。
- DATABASE 表示 DDL 触发器的作用域是整个数据库。
- FOR | AFTER：指定 DML 触发器仅在出发 SQL 语句中指定的所有操作都已成功执行时才能被触发。
- event_type 用于指定触发 DDL 触发器的事件。

【例 5-17】创建一个 DDL 触发器，名为“trig_禁止修改删除表”，用于防止删除或更改“天意购物”数据库中的数据表。

```
Use  天意购物
GO
CREATE  TRIGGER  trig_禁止修改删除表
```

```
ON  DATABASE
FOR  DROP_TABLE,ALTER_TABLE
AS
BEGIN
 PRINT '无法修改或者删除表，慎用该操作！'
ROLLBACK  TRANSACTION
END
```

执行结果如图 5-37 所示。

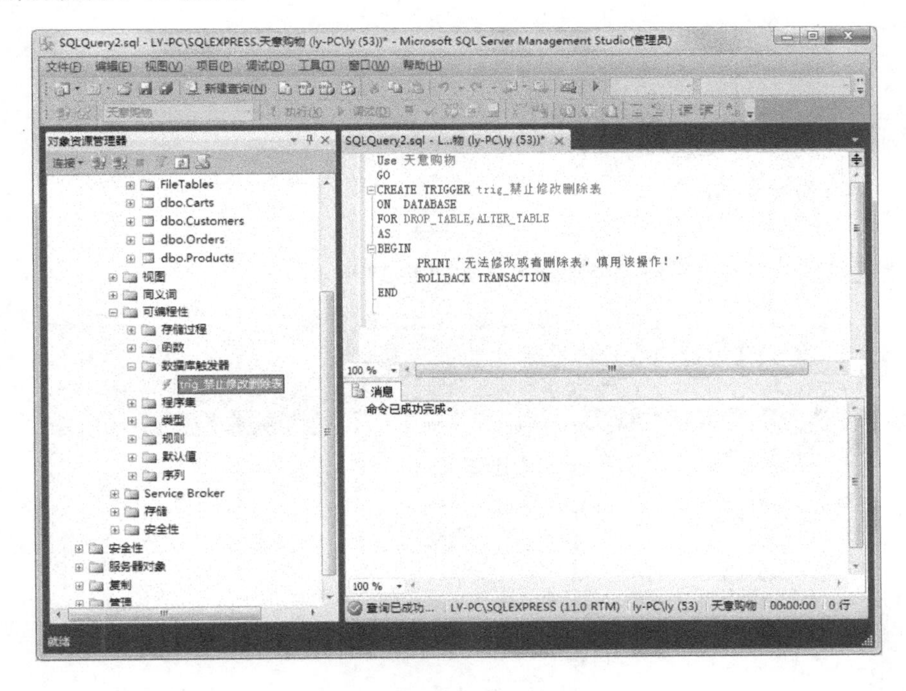

图 5-37　创建 DDL 触发器

注意： ROLLBACK TRANSACTION 清除自事务的起点或到某个保存点所做的所有数据修改。它还释放由事务控制的资源。

四、创建 DML 触发器

CREATE TRIGGER 语句的语法格式：

```
CREATE  TRIGGER 触发器名
ON {表名 | 视图名}
{FOR | AFTER | INSTEAD OF} {[INSERT] [,] [UPDATE] [,] [DELETE] }
AS {SQL 语句 [;] [,…n] }
```

语法说明：

- FOR | AFTER：指定 DML 触发器仅在 SQL 语句中指定的所有操作都已成功执行时才能被触发。
- INSTEAD OF：指定 DML 触发器而不是执行触发 SQL 语句，从而代替触发语句的操作。

- {[INSERT] [,] [UPDATE] [,] [DELETE] }：指定数据修改语句，这些语句可在DML触发器对此表或视图进行尝试时激活该触发器，必须至少指定一个选项。在触发器定义中允许使用上述选项的任意顺序组合
- AS：触发器要执行的操作。

【例 5-18】使用 T_SQL 语言为表 Products 创建 DML 触发器名为 nodelete_productid，使得当删除该表中商品时，显示'禁止删除表中数据 ！'。

```
CREATE  TRIGGER  nodelete_productid
ON  products
INSTEAD  OF  DELETE
AS
IF(EXISTS(SELECT  *  FROM  DELETED))
BEGIN
PRINT  '禁止删除表中数据 ！'
END
```

执行上述代码结果和进行删除操作结果，如图 5-38 所示。

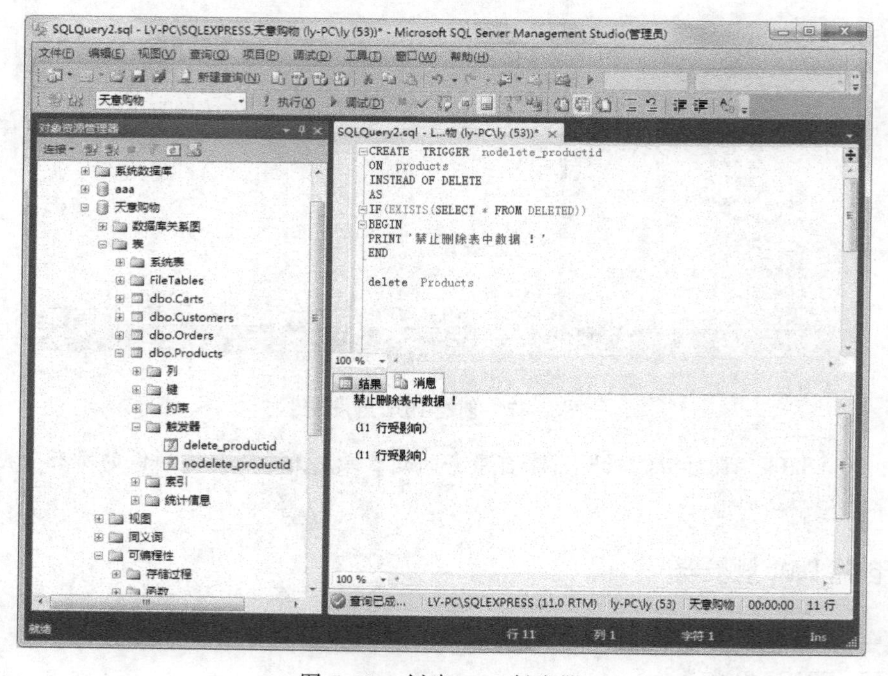

图 5-38　创建 DML 触发器

五、管理 DML 触发器

常用的触发器管理主要包括查看触发器、修改触发器、删除触发器和禁用启用触发器。

1. 查看触发器

方法一：使用 SSMS 管理器查看触发器。

打开 SSMS 管理工具，选择“数据库”→“天意购物”→表“Products”→“触发器”，右击，选择“编写触发器脚本为”→“CREATE 到”→“新查询窗口编辑器”命令，打开编辑窗口，如图 5-39 所示。

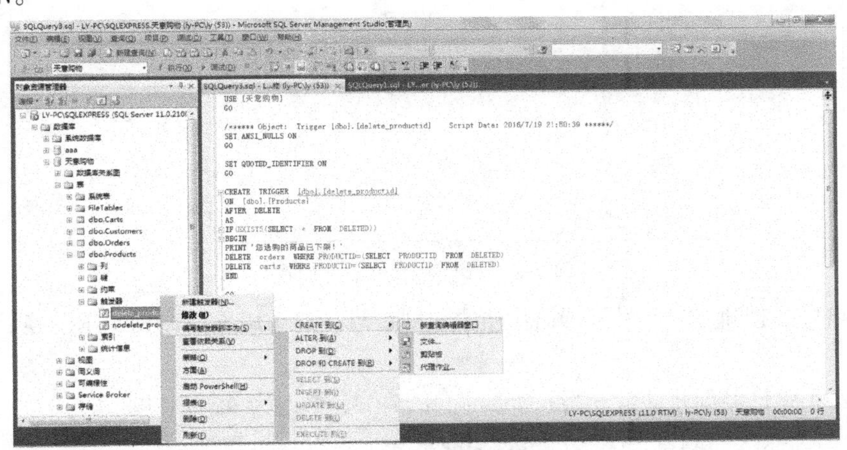

图 5-39　选择新查询窗口

方法二：使用系统存储过程查看触发器。

可以使用下面 3 个系统存储过程查看触发器信息：

- sp_help trigger_name：用于查看触发器的名称、属性、类型等一般信息。
- sp_helptext trigger_name：用于查看触发器的正文信息。
- sp_depends trigger_name | table_name：用于查看触发器所引用的表或表所涉及的触发器。

【例 5-19】查看已经建立的触发器 nodelete_productid 的信息。

```
SP_HELP nodelete_productid
SP_HELPTEXT  nodelete_productid
SP_DEPENDS  nodelete_productid
```

2. 修改触发器

方法一：使用 SSMS 管理器修改触发器。

打开 SSMS 管理工具，选择“数据库”→“天意购物”→表“Products”→“触发器”，右击，选择“修改”命令，打开编辑窗口，如图 5-40 所示。

方法二：使用 T-SQL 语句修改触发器。

语法格式：

```
ALTER  TRIGGER 触发器名称
ON{表名 | 视图名}
[WITH ENCRYPTION]
{FOR | AFTER | INSTEAD OF}
{[DELETE] [,] [INSERT] [,] [UPDATE]}
[NOT FOR REPLICATION]
AS
{SQL 语句 [;] [,…n] }
```

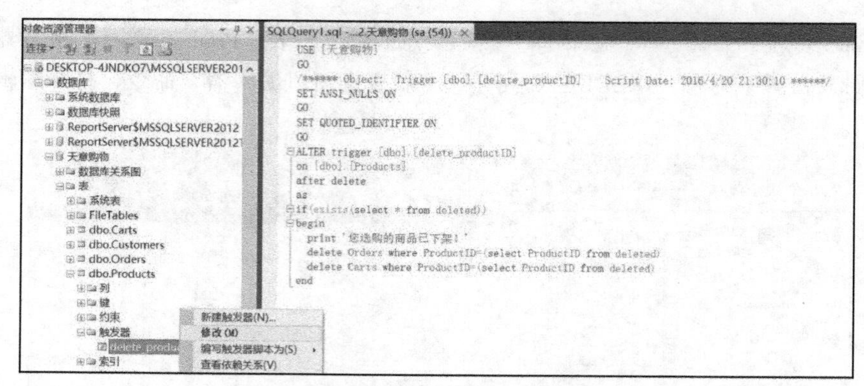

图 5-40 选择“修改”命令

其语法格式与创建 DML 触发器语法格式相同，只是把 CREATE TRIGGER 换成了 ALTER TRIGGER。

【例 5-20】将已经创建的触发器 nodelete_productid，修改为 AFTER 触发方式。

```
ALTER  TRIGGER  nodelete_productid
ON  products
AFTER  DELETE
AS
IF(EXISTS(SELECT  *  FROM  DELETED))
BEGIN
PRINT '禁止删除表中数据 ！'
END
```

执行结果如图 5-41 所示。

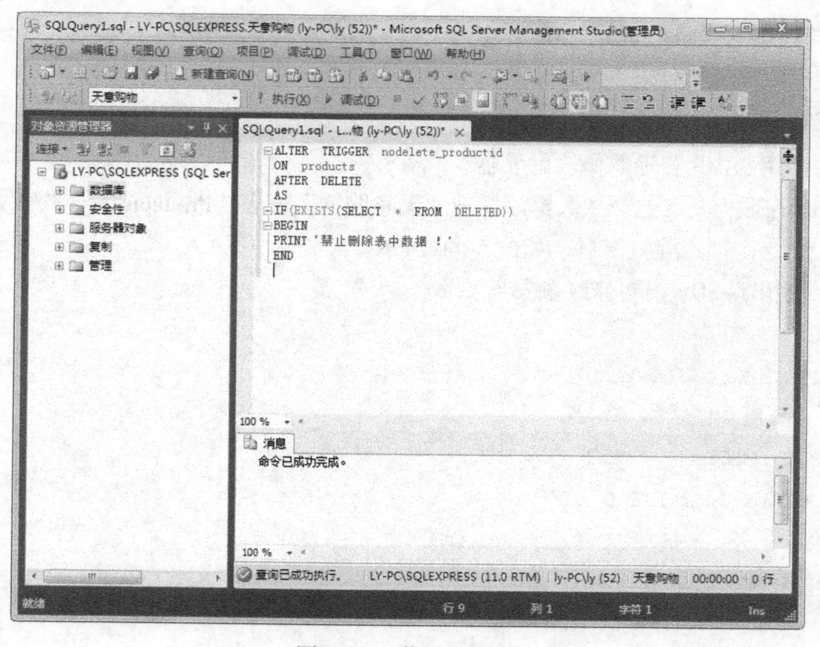

图 5-41 修改触发器

3. 删除触发器

【例 5-21】删除之前已经创建的 delete_productid 触发器。

方法一：使用 SSMS 管理器删除触发器

步骤一：打开 SSMS 窗口，选择“对象资源管理器”→“数据库”→“天意购物”→表“Products”→“触发器”。

步骤二：选择要删除的触发器 delete_productid，右击，选择“删除”命令，则可删除该触发器，如图 5-42 所示。

图 5-42 选择删除触发器命令

方法二：使用 T-SQL 语句删除触发器

使用 DROP TRIGGER 语句修改，语法格式：

```
DROP TRIGGER 触发器名称
```

代码实现：

```
DROP  TRIGGER  delete_productid
```

4. 禁用启用触发器

当由于某些特殊原因不希望触发器运行时，可以禁用触发器，禁用触发器不会删除该触发器，它仍然会作为对象存在于当前数据库中。只是当执行编写触发器程序所用的任何 T-SQL 语句时，不会激发触发器。如果需要可以将禁用的触发器重新启用，默认情况下，触发器被创建后处于启用状态。

方法一：使用 SSMS 管理器禁用或启用触发器。

创建步骤：打开 SSMS 管理工具，选择“数据库”→“天意购物”→表“Products”→“触发器”，右击，选择“禁用”或“启用”命令，可以实现触发器的禁用或启用，如图 5-43 所示。

方法二：使用 T-SQL 语句禁用或启用触发器

(1) 使用 DISABLE TRIGGER 语句禁用触发器。

语法格式：

```
DISABLE  TRIGGER{ 触发器名称}
ON { 表名 | 视图名 |DATABASE|ALL SERVER}
```

语句说明：

ALL：表示禁用在 ON 子句作用域中定义的所有触发器；其他参数与创建触发器参数意义相同。

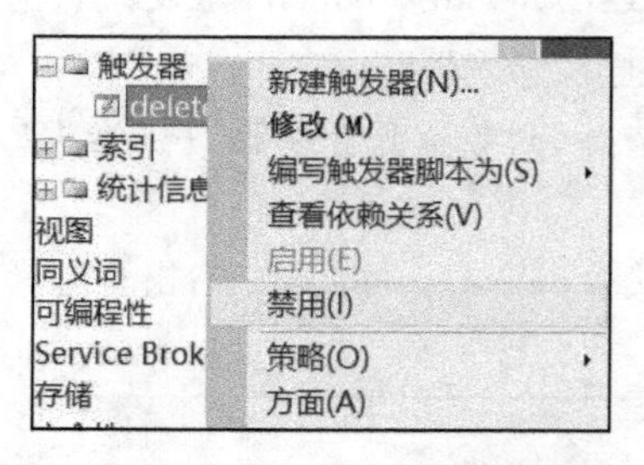

图 5-43　选择“禁用”或“启用”

（2）使用 ENABLE TRIGGER 语句启用触发器。

语法格式：

```
ENABLE  TRIGGER{触发器名称}
ON {表名 | 视图名| DATABASE | ALL SERVER}
```

参数意义与禁用触发器参数相同。

【例 5-22】禁用“天意购物”数据库中表 Products 的触发器 nodelete_productID。

步骤一：打开 SSMS 管理工具，单击工具栏中的“新建查询”按钮，此时在 SSMS 的主区域新建一个选项卡，在此区域写入语句。

```
DISABLE  TRIGGER  nodelete_productid  ON  Products
```

步骤二：单击“执行”按钮，触发器禁用成功，如图 5-44 所示。

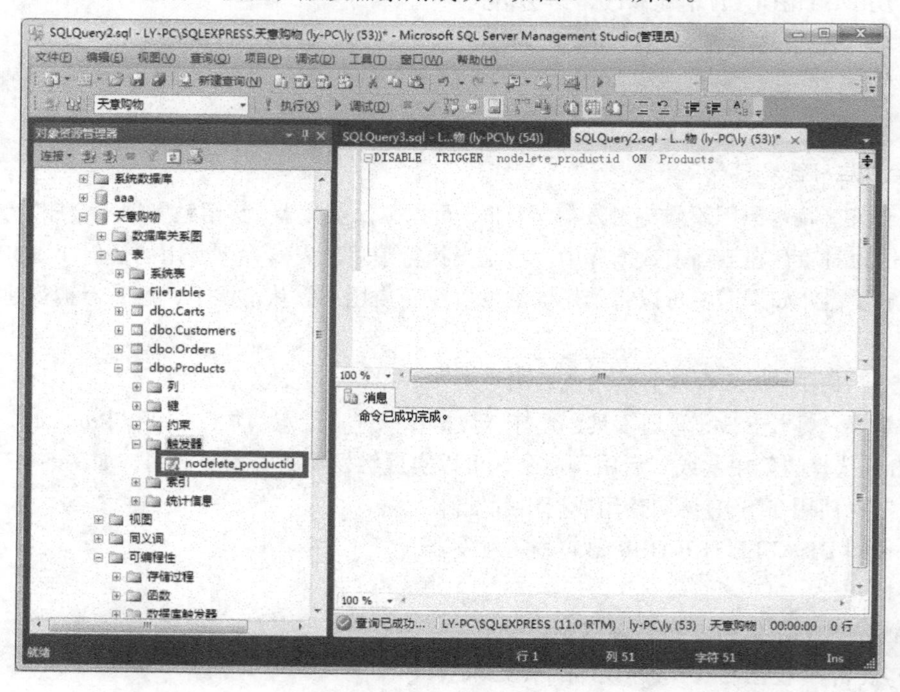

图 5-44　触发器禁用成功

综合实训

一、程序设计

在“学生管理系统”数据库中，查询Student表中地址是“北京”的学生中是否存在“黎明”同学，如果存在显示“黎明同学存在”，如果没有则显示“黎明同学不存在”。

二、创建及修改存储过程

1. 在学生管理系统数据库中，使用T-SQL创建存储过程pro_stu1，查询Student表地址是“武汉”的学生信息。

2. 使用T-SQL修改存储过程pro_stu1，查询Student表地址是武汉的所有“女”学生信息。

3. 在学生管理系统数据库中，使用T-SQL创建一个名为pro_student的存储过程（procedure）要求：查询Student中某姓氏的学生信息。

4. 使用T-SQL执行pro_student的存储过程，查找“张”姓学生信息。

三、创建及修改触发器

1. 在“学生管理系统”数据库中，创建一个禁止删除该数据库中表的触发器，当删除某张表时，显示“禁止删除表操作”。

2. 在“学生管理系统”数据库中，为course表创建一个触发器，禁止删除该表信息，当删除某门课程时，显示“禁止删除该条信息”并显示该条记录。

3. 在“学生管理系统”数据库中Student表中，使用T-SQL创建一个名为“trig_禁止修改年龄”的触发器，要求：当修改年龄时显示“该事物不能被处理，年龄不能被修改！”

➡ "天意购物"数据库的安全与保护机制

"天意购物"数据库会面临众多不同类型用户的访问，而对于它的管理员来说，数据的安全性是非常重要的。本任务主要讲授如何对数据库进行安全管理和相应的保护机制。

项目内容：

- 任务一　数据库安全。
- 任务二　数据库的备份与还原。

项目目标：

- 熟练掌握：SQL Server 2012 数据库的身份验证和访问权限管理。
- 掌握：SQL Server 数据库的备份与还原。
- 初步了解：SQL Server 数据的安全机制。

任务一　数据库安全

数据库安全性对于任何一个数据库管理系统都是至关重要的。数据库的安全管理主要包括数据库的安全机制，用户身份验证和用户权限管理。

任务描述

假设有两个用户访问"天意购物"数据库，分别为 cheng、zhang，需创建两个登录账户。该用户为 Windows 用户，采用 Windows 登录模式进入 SQL Server 2012。

设计过程

1. 创建用户账户

步骤一：选择"开始"→"控制面板"，在该窗口选择"系统和安全"下的"管理工具"，在打开窗口中双击"计算机管理"图标，在打开的窗口中展开"本地用户和组"，如图 6-1 所示。

步骤二：右击"用户"结点，选择"新用户"命令，如图 6-2 所示。

步骤三：在打开的"新用户"对话框，输入要创建的一个 Windows 用户 cheng 用户信息，如图 6-3 所示。

步骤四：单击"创建"，完成用户的创建，再用同样的方法创建另外一个 Windows 用户。

2. 将用户添加到组

步骤一：右击"组"，从弹出的快捷菜单中选择"新建组"命令，打开"新建组"对话框，在“组名”文本框中输入“客户部”，在“描述”一栏中写入对组名的简单描述，如图 6-4 所示。

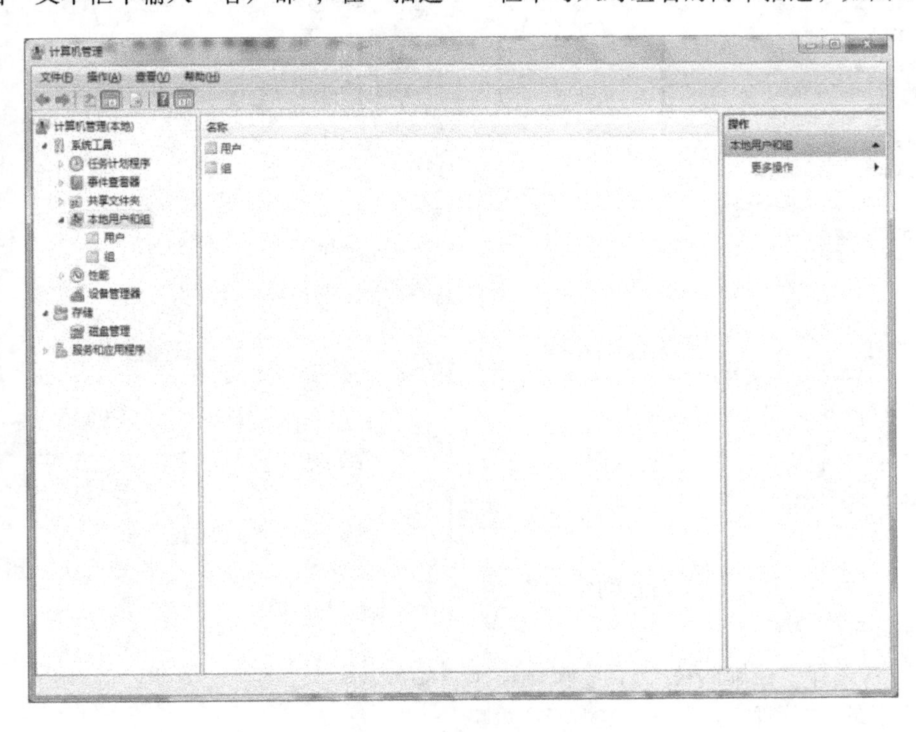

图 6-1 “计算机管理”窗口

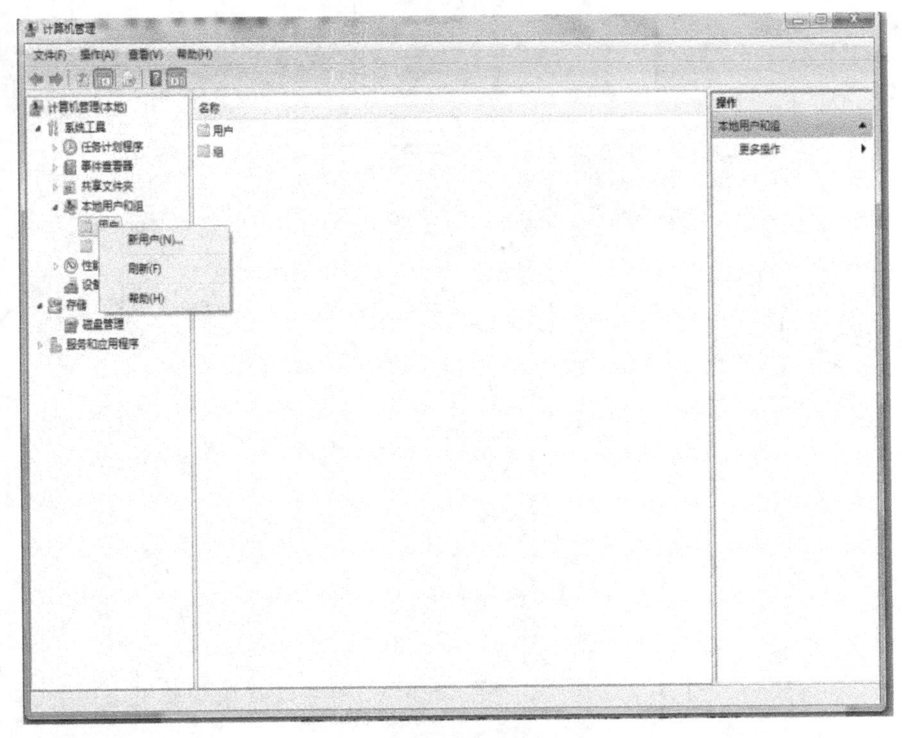

图 6-2 选择“新用户”命令

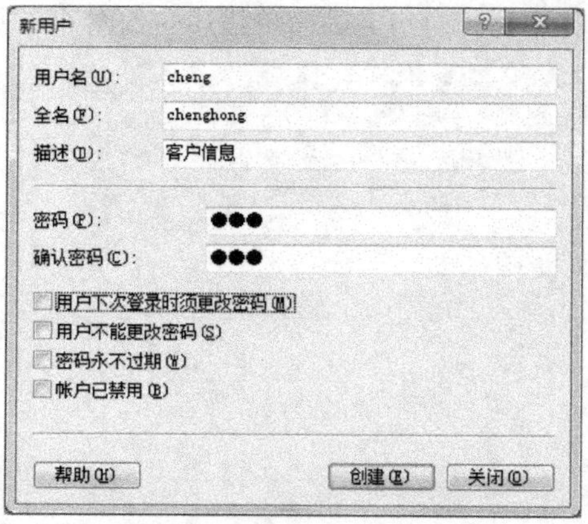

图 6-3 “新用户”对话框

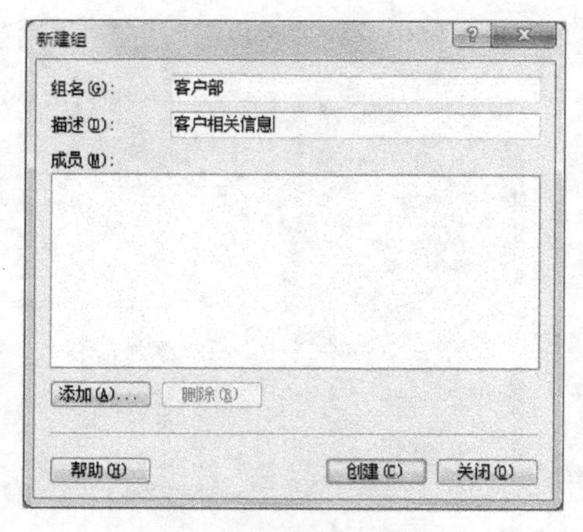

图 6-4 “新建组”对话框

步骤二：单击“添加”按钮，打开“选择用户”对话框，将上述创建的新用户添加到这个组，如图 6-5 所示。

步骤三：单击“确定”按钮，创建完成。

3. 指派用户权利

步骤一：选择“控制面板”，在该窗口选择“系统和安全”下的““管理工具”→“本地安全策略”→“本地策略”→“用户权限分配”如图 6-6 所示。

图 6-5 用户添加到组

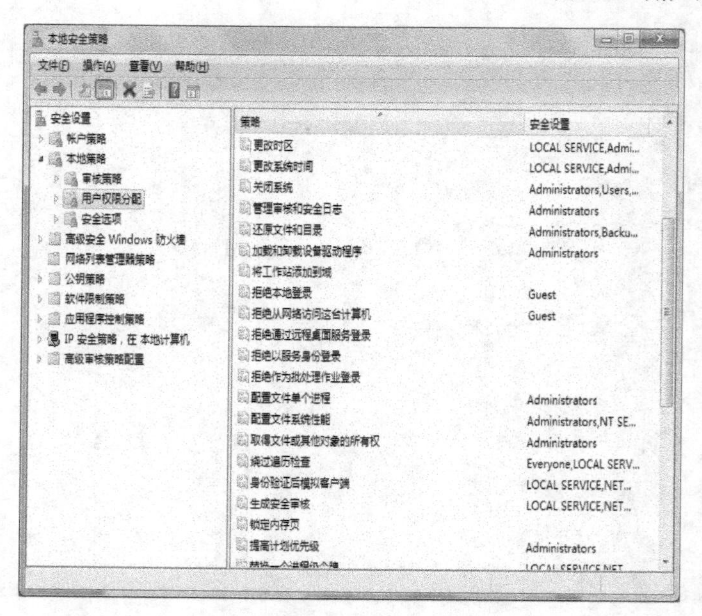

图 6-6 “本地安全策略”窗口

步骤二：在窗口右边的显示列表中，右击“在本地登录”选项，选择“属性”命令，打开“允许在本地登录”属性对话框，如图 6–7 所示。

步骤三：单击“添加用户或组”按钮，打开“选择用户或组”对话框，输入用户名，把已经创建的用户或组添加进来如图 6–8 所示。

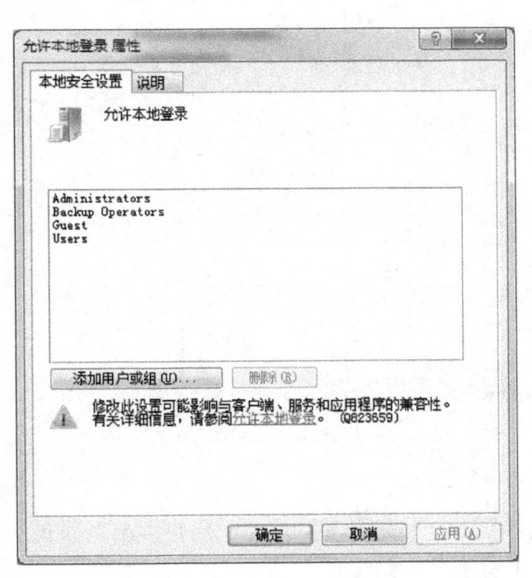

图 6–7 允许本地登录 属性

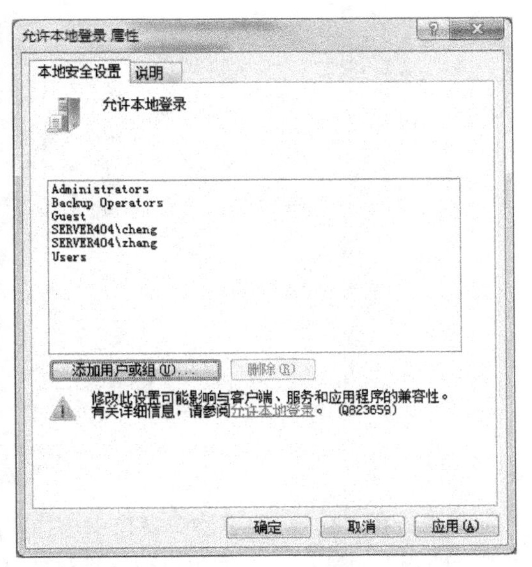

图 6–8 添加用户或组

步骤四：单击“确定”按钮，完成指派用户。

4. 映射 SQL Server 登录

步骤一：选择“开始”→“所有程序”→“Microsoft SQL Server 2012”→ SQL Server Management Studio 命令，使用“Windows 身份验证”建立连接，进入 SSMS 窗口。

步骤二：展开“安全性”下的“登录名”，然后右击“登录名”结点，从弹出的快捷菜单中选择“新建登录名”命令，如图 6–9 所示。

步骤三：打开“登录名–新建”窗口，在“登录名”文本框中输入 cheng，在“默认数据库”下拉列表中选择“天意购物”作为默认数据库，如图 6–10 所示。

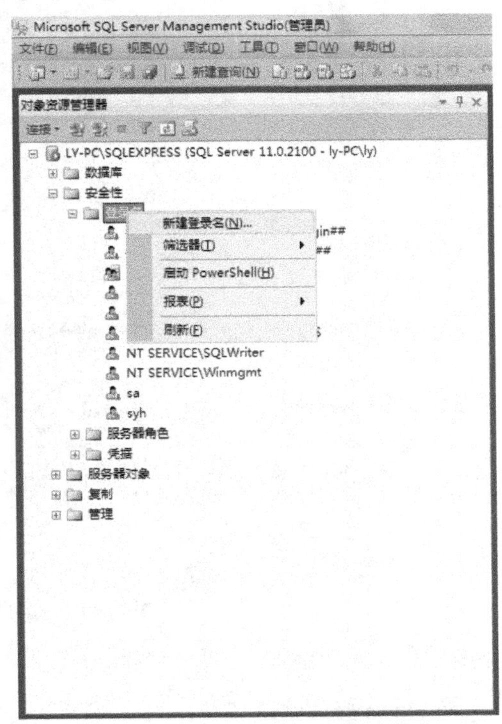

图 6–9 选择“新建登录名”命令

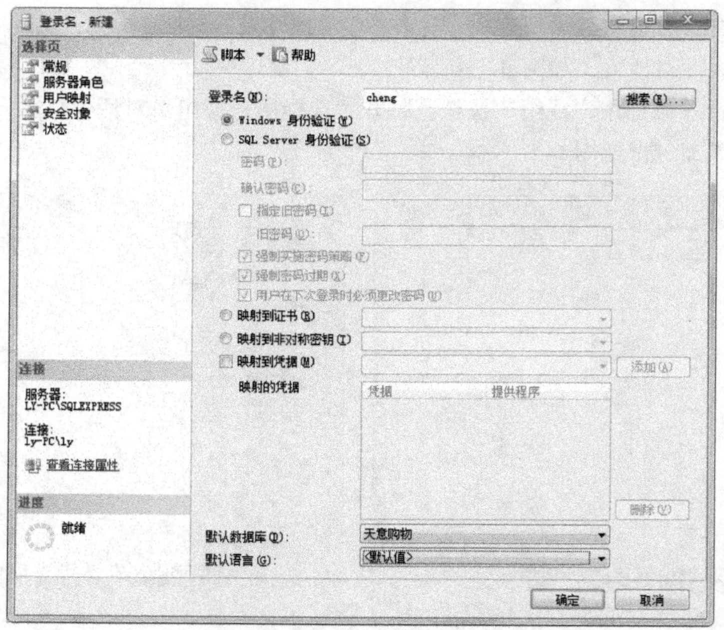

图 6-10 “登录名-新建”窗口

步骤四：在“登录名-新建”窗口中选择“用户映射”选项卡，打开“用户映射”页面，选中“天意购物”复选框，允许用户访问默认的“天意购物”数据库，如图 6-11 所示。

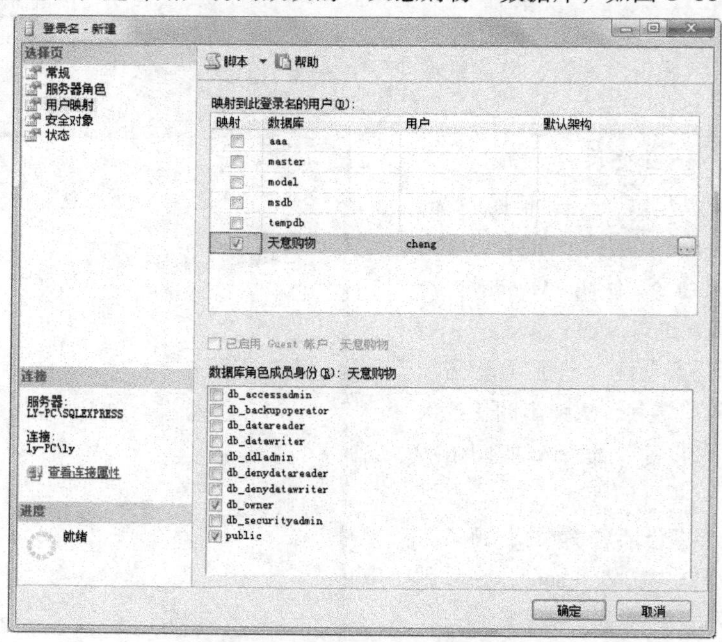

图 6-11 “用户映射”选项卡

步骤五：单击“确定”按钮，创建完成。

5. Windows 登录测试

步骤一：从 Windows 中注销，使用用户名 cheng 登录。

步骤二：选择“开始”→“所有程序”→“Microsoft SQL Server 2012”→“SQL Server Management Studio”命令，使用“Windows 身份验证”建立连接，如图 6-12 所示。

图 6-12 “Windows 身份验证” 连接

知识背景

一、数据库的安全机制

随着计算机网络的普及、电子商务的风靡，数据库安全性就显得尤为重要。数据库安全机制是用于实现数据库的各种安全策略的功能集合，由这些安全机制来实现安全模型，进而实现保护数据库系统安全的目标。

安全的数据库管理系统必须要提供两个层次的功能：一是对用户是否有权限登录到系统及如何登录管理；二是对用户能否使用数据库中的对象并执行相应操作的管理。

SQL Server 2012 安全机制可以划分成以下 4 个部分：

（1）操作系统的安全防线。用户需要一个有效的登录账户，才能对操作系统进行访问。

（2）SQL Server 的身份验证防线。SQL Server 通过登录账户来创建附加安全层，一旦用户登录成功，将建立与 SQL Server 的一次连接。

（3）SQL Server 数据库身份验证安全防线。当用户与 SQL Server 建立连接后，还必须成为数据库用户（用户 ID 必须在数据库系统表中），才有权访问数据库。

（4）SQL Server 数据库对象的安全防线。用户登录到要访问的数据库后，要使用数据库内的对象，必须得到相应的权限。

二、身份验证

SQL Server 2012 提供了两种验证模式来确认用户是否登录了服务器。

（1）Windows 身份验证模式：此模式下，SQL Server 直接使用 Windows 操作系统的内置安全机制，即使用 Windows 的用户或组账号来登录。

（2）SQL Server 和 Windows 身份验证模式：又称混合模式。此模式下，如果用户提供了 SQL Server 登录用户名，则系统将使用 SQL Server 身份认证登录；如果没有提供 SQL Server 登录用户名，而提供了 Windows 的用户或组账号，则系统将使用 Windows 身份验证登录。

通过两个实例来讲述如何选择 SQL Server 2012 的两种身份验证模式。

【例 6-1】某单位局域网内部服务器上新装了 SQL Server 2012 数据库，且原有服务器上已经设置了该单位员工的用户账户，设置哪种验证模式比较合适？

分析：由于原服务器上已经有了用户账户，而服务器又是内部服务器，为了充分利用资源，节省人力物力，可以选用“Windows 身份验证模式”。

【例 6-2】某单位开发了一个电子商务网站，后台数据库选用了 SQL Server 2012，设置哪种验证模式比较合适？

分析：由于网站是对外的，而且应用程序是基于 Internet 运行的，使用“SQL Server 和 Windows 身份验证模式”比较合适。

【例 6-3】身份验证模式设置。

步骤一：运行 SQL Server Management Studio，连接访问的服务器，右击服务器名，从弹出的快捷菜单中选择“属性”命令，如图 6-13 所示。

步骤二：在服务器属性对话框的“选择页”列表框中选择“安全性”选项，在右侧窗口中设置服务器身份验证模式为“SQL Server 和 Windows 身份验证模式”，如图 6-14 所示。

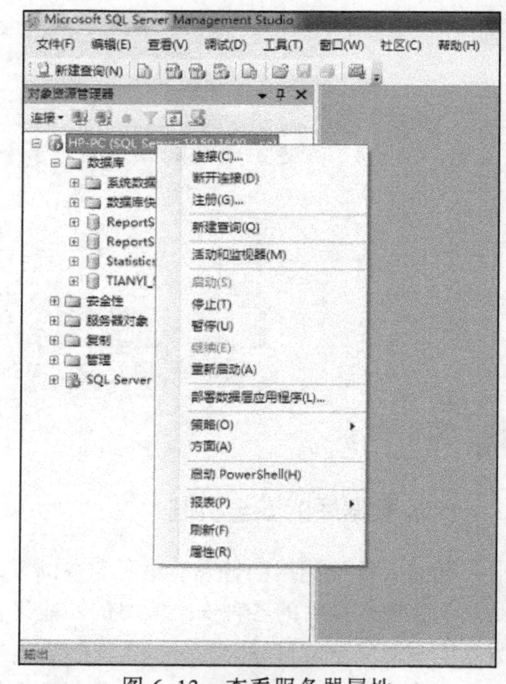

图 6-13 查看服务器属性

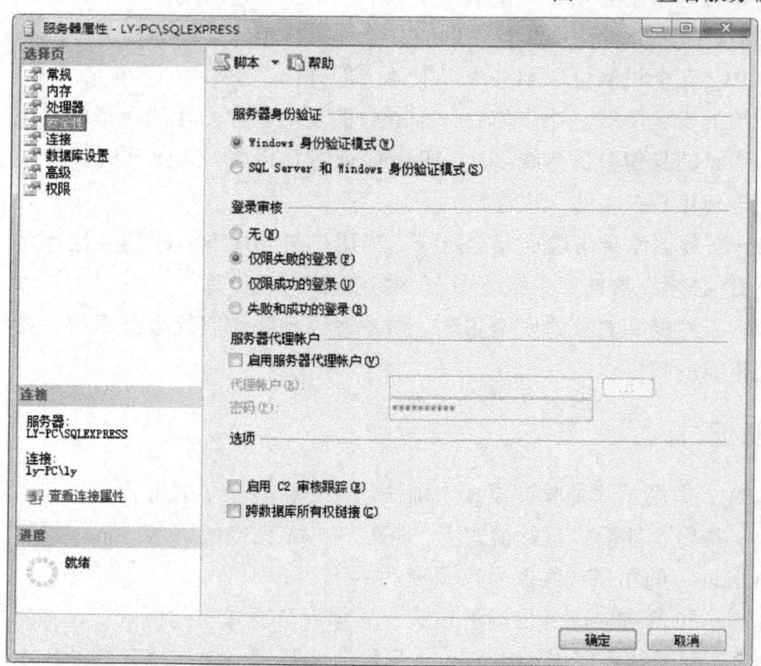

图 6-14 设置服务器的安全性选项

步骤三：设置登录审核为“仅限失败的登录”。

步骤四：单击“确定”按钮，重启 SQL Server。

注意：除默认选项外，人工设置的任何属性或选项都要重启服务器后才能生效。

三、账户管理

用户连接到服务器后，网上商城的数据库管理员要根据他们的不同权限来确定使哪些用户只能进入服务器却不能访问数据库，使哪些用户可以访问某些数据用户。

1. SQL Server 2012 账户分类

在 SQL Server 2012 中，账户分为两类：登录用户和数据库用户。

登录用户是针对 SQL Server 管理系统，当用户合法登录成功后，可以连接到 SQL Server，但不一定具有访问数据库权力。

数据库用户是针对 SQL Server 管理系统中的某个数据库，当用户使用登录账户连接到 SQL Server 后，还需要使用数据库账户才可以访问某个数据库中的数据。也就是说，哪个数据库中创建的数据库用户，就可以访问哪个数据库。

2. 登录者账户管理

(1)创建登录者账户。在服务器身份验证混合模式下，登录者又可以分为 Windows 用户和 SQL Server 用户两大类。创建登录者账户有两种方法：一种使用图形界面创建；另一种使用 T-SQL 命令创建。前者已经在之前详细地介绍受过，这部分主要介绍用 T-SQL 命令创建。

① 若为 Windows 用户，其语句格式如下：

```
EXEC  SP_GRANTLOGIN  'domain\user'
```

语法说明：

- SP_GRANTLOGIN：系统存储过程名。
- domain\user：指已有的 Windows 用户名，注意名称要完整，即<域\用户名>。

【例 6-4】用命令创建 Windows 身份验证的登录账户 yh1，其命令语句如下：

```
EXEC  SP_GRANTLOGIN  'HP-PC\yh1'
```

② 若为 SQL Server 用户，其语句格式如下。

```
EXEC sp_addlogin 'username','password','database_name','language'
```

语句说明：

- username：登录的用户名。
- password：登录的密码。
- database_name：登录的数据库名称。
- language：登录的语言。

【例 6-5】用命令创建 SQL Server 身份验证的登录账户 syh，密码为 123456，默认数据库为 master，默认语言为简体中文。

命令语句如下：

```
Exec  sp_addlogin  'syh','123456','master','Simplified Chinese'
```

(2) 修改登录账户的属性。对于已经创建好的登录账户，可以在对象资源管理器双击该用户名，打开其登录属性窗口，如图 6-15 所示。

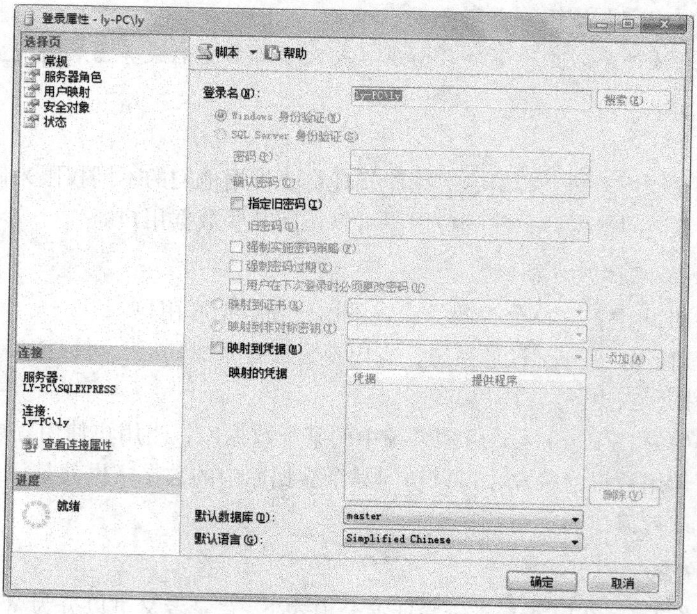

登录属性 - ly-PC\ly
选择页
常规
服务器角色
用户映射
安全对象
状态
脚本 帮助
登录名(N): ly-PC\ly 搜索(E)...
Windows 身份验证(W)
SQL Server 身份验证(S)
密码(P):
确认密码(C):
指定旧密码(I)
旧密码(O):
强制实施密码策略(F)
强制密码过期(X)
用户在下次登录时必须更改密码(U)
映射到证书(R)
映射到非对称密钥(T)
映射到凭据(M) 添加(A)
映射的凭据 凭据 提供程序
删除(V)
连接
服务器:
LY-PC\SQLEXPRESS
连接:
ly-PC\ly
查看连接属性
进度
就绪
默认数据库(D): master
默认语言(G): Simplified Chinese
确定 取消

（a）

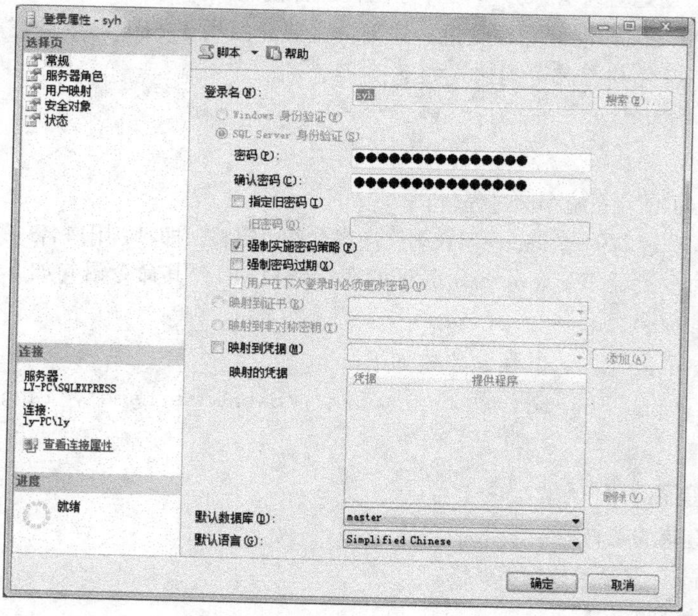

登录属性 - syh
选择页
常规
服务器角色
用户映射
安全对象
状态
脚本 帮助
登录名(N): syh 搜索(E)...
Windows 身份验证(W)
SQL Server 身份验证(S)
密码(P): ●●●●●●●●●●●●●●●
确认密码(C): ●●●●●●●●●●●●●●●
指定旧密码(I)
旧密码(O):
强制实施密码策略(F)
强制密码过期(X)
用户在下次登录时必须更改密码(U)
映射到证书(R)
映射到非对称密钥(T)
映射到凭据(M) 添加(A)
映射的凭据 凭据 提供程序
删除(V)
连接
服务器:
LY-PC\SQLEXPRESS
连接:
ly-PC\ly
查看连接属性
进度
就绪
默认数据库(D): master
默认语言(G): Simplified Chinese
确定 取消

（b）

图 6-15　登录窗口属性

在“常规”选项卡中可以修改其相应属性。

在“状态”选项卡中可以禁止该账户。

（3）删除登录账户。删除登录账户有两种方法：一种是使用图形界面；另一种是使用 T-SQL 命令。

① 使用图形界面删除用户账户，具体方法如下：

在对象管理资源器中选中该用户名，从弹出的快捷菜单中选择“删除”命令，即可删除登录账户。

② 使用 T-SQL 命令删除登录账户。

- 若为 Windows 用户，其语句格式如下：

```
EXEC SP_REVOKELOGIN 'domain\user'
```

【例 6-6】用命令删除 Windows 身份验证的登录账户 yh1，其命令语句如下：

```
EXEC sp_revokelogin 'sinopec-\yh1'
```

- 若为 SQL Server 用户，其语句格式如下:

```
EXEC SP_DROPLOGIN 'username'
```

【例 6-7】用命令删除 SQL Server 身份验证的登录账户 syh，命令语句如下:

```
EXEC sp_droplogin 'syh'
```

3. 数据库账户管理

（1）创建数据库用户。创建登录账户后，用户只是具有了访问 SQL Server 服务器的权限，要想访问某个具体的数据库，还要将登录账户映射到数据库用户中。与创建登录用户类似，数据库用户的类型也有很多类，常用的是 Windows 用户和带登录名的 SQL Server 用户。

创建数据库账户有两种方式：一种是使用图形界面；另一种是使用 T-SQL 命令。

① 使用图形界面创建数据库账户，具体方法如下：

在 SSMS 中展开相关数据库的“安全性”结点，选择“用户”并右击，从弹出的快捷菜单中选择“新建用户”命令【见图 6-16（a)】，打开“数据库用户-新建”窗口，在该窗口的“用户类型”下拉列表中选择所要创建用户的类型，如图 6-16（b）所示。

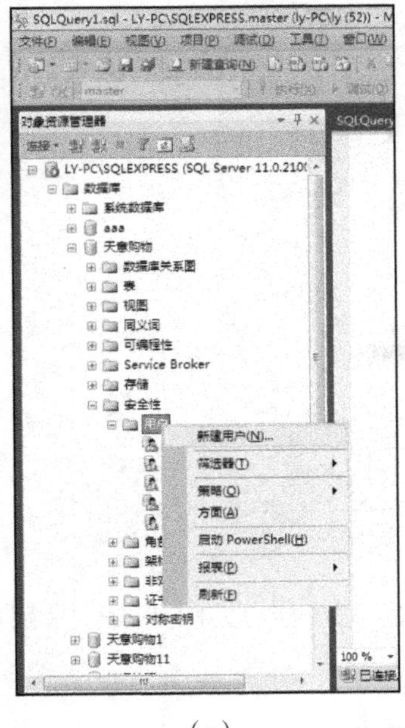

（a）

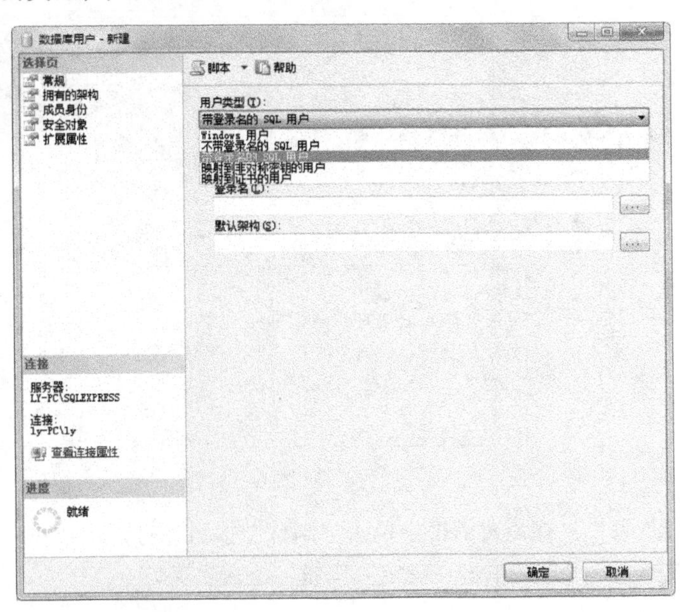

（b）

图 6-16　新建数据库用户窗口

注意：对于不同种类的数据库用户，可以在“用户类型”下拉列表中选择相对应的用户种类进行操作。

【例 6-8】给 SQL Sever 身份验证的登录账户 syh 添加一个用户名为 sdbyh 的天意购物数据库的用户账户。具体方法如下：

步骤一：在“数据库用户-新建”窗口（见图 6-17），在“用户类型”下拉列表中选择“带登录名的 SQL 用户”选项，单击“登录名”文本框右侧的“…”按钮，弹出“选择登录名”对话框，如图 6-18 所示。

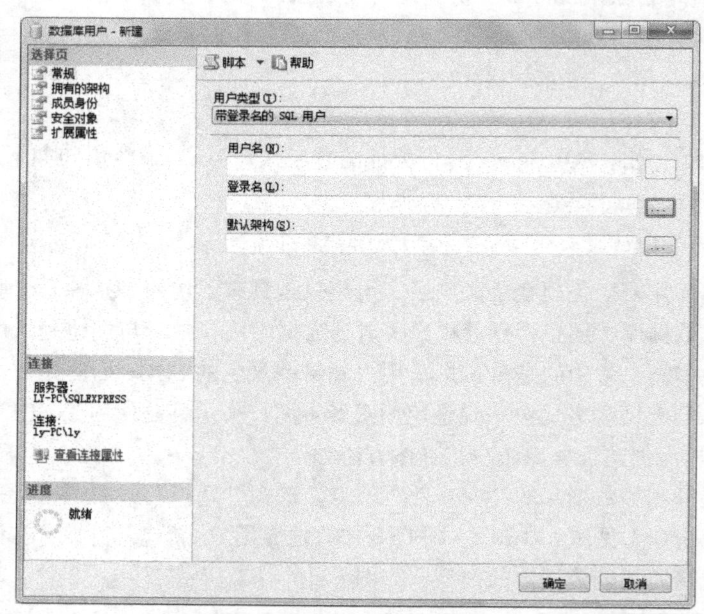

图 6-17　新建用户账户

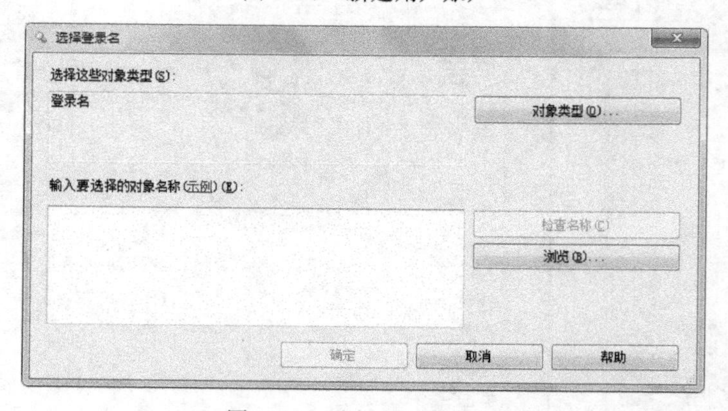

图 6-18　选择登录名窗口

步骤二：在该对话框中单击“浏览”按钮，打开“查找对象”对话框（见图 6-19），选择要编辑的 syh 用户，单击“确定”按钮，返回主窗口。

步骤三：在“数据库用户-新建”窗口的“用户名”文本框中输入 sdbyh，单击“确定”按钮完成设置。

注意：登录名与用户名可以相同，也可以不同。

查找对象

找到 10 个匹配所选类型的对象。

匹配的对象(M)：

	名称	类型
☐	[NT AUTHORITY\SYSTEM]	登录名
☐	[NT Service\MSSQL$SQLEXPRESS]	登录名
☐	[NT SERVICE\SQLWriter]	登录名
☐	[NT SERVICE\Winmgmt]	登录名
☐	[sa]	登录名
☐	[syh]	登录名

确定　取消　帮助

图 6-19　查找对象窗口

② 使用 T-SQL 命令创建数据库用户，具体命令如下：

```
EXEC SP_grantdbaccess 'username','dbusername'
```

- Sp_GRANTDBACCESS：存储过程名，用户创建数据库账户。
- username：登录账户名称，登录账户可以是 Windows 用户创建的登录账户，也可以是 SQL Server 用户创建的登录账户。
- dbusername：数据库用户名，数据库用户名可以与登录账户一致，也可以不一致。使用该命令前数据库必须处于打开状态。

【例 6-9】用命令方式给登录账户 syh 添加一个天意购物数据库的同名数据库用户账户。

```
Use 天意购物
EXEC sp_grantdbaccess 'syh','syh'
```

执行结果如图 6-20 所示。

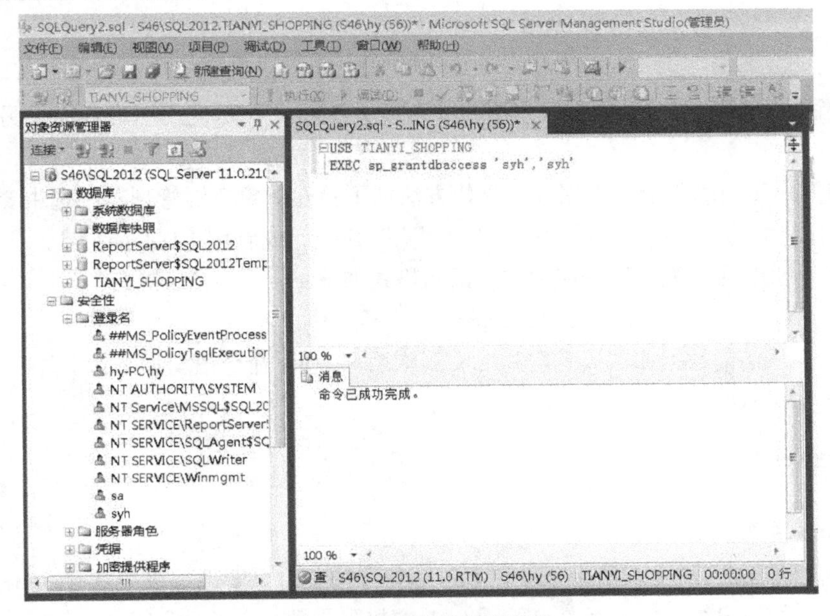

图 6-20　创建数据库用户

（2）修改数据库用户。创建数据库用户后，数据库管理员可以修改其用户权限，即该用户所属的数据库角色。修改数据库用户有两种方法：一种是使用图形界面；另一种是使用 T-SQL 命令。

① 使用图形界面修改数据库用户，具体方法如下：

在对象资源管理器中选中所要修改的数据库用户名并右击，从弹出的快捷菜单中选择“属性”命令，选择“成员身份”选项，可重新选择用户账户所属的数据角色，如图 6-21 所示。

② 查看数据库用户状态，语句格式如下：

```
EXEC  SP_HELPUSER 'dbuaername'
```

（a）

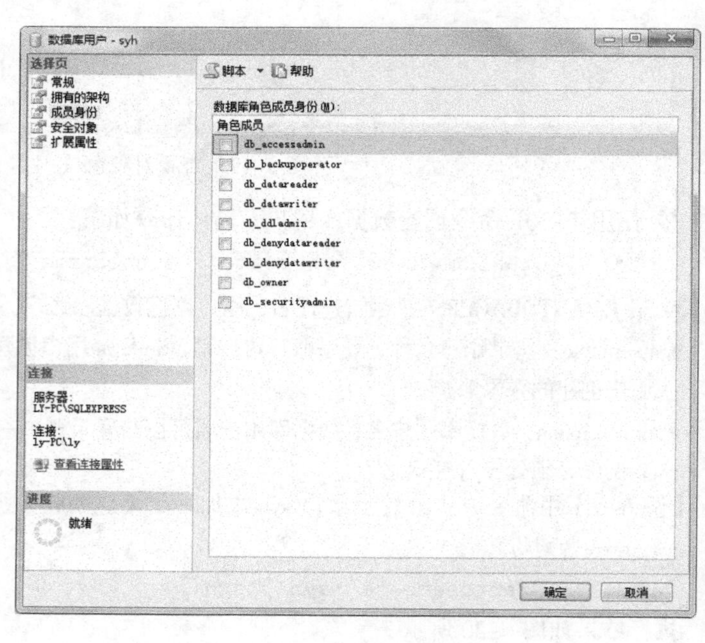

（b）

图 6-21 修改数据库用户属性

（3）删除数据库用户。删除数据库用户有两种方法：一种是使用图形界面；另一种是使用 T-SQL 命令。

① 使用图形界面删除数据库用户，具体方法如下：在对象资源管理器中选中要修改的数据库用户名并右击，从弹出的快捷菜单中选择“删除”命令，或者按【Delete】键。

② 使用 T-SQL 命令删除数据库用户，语句格式如下：

```
EXEC sp_revokedbccess 'dbusername'
```

【例 6-10】从当前数据库“天意购物”中删除用户 syh。命令语句如下：

```
EXEC sp_revokedbaccess 'syh'
```

四、角色

1. 服务器角色

服务器角色是指根据 SQL 管理任务以及这些任务的相对重要性等级把具有 SQL 管理职能的用户划分成不同的用户组，每一组具有管理 SQL 的权限是预定义的。

在 SQL Server 2012 中的对象资源管理器中展开“安全性”下面的“服务器角色”，如图 6-22 所示。

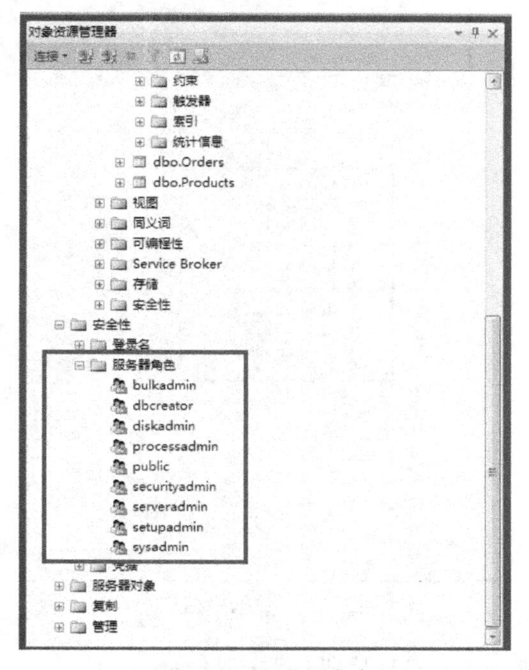

图 6-22 服务器角色

SQL Server 2012 默认有 9 个服务器角色，而且这些角色是不能删除和新增、修改的。关于这些角色相关介绍，如表 6-1 所示。

表 6-1 服务器角色描述

角色	描述
bulkadmin	执行 BULK INSERT 语句
dbcreator	创建和修改数据库
diskadmin	管理磁盘文件
processadmin	管理 SQL Server 进程
public	拥有的权限是 VIEW ANY DATABASE
securityadmin	管理和审核服务器登录
serveradmin	配置服务器级的设置
setupadmin	配置和复制已链接的服务器
sysadmin	可执行任何操作

2. 数据库角色

数据库角色能为某一用户或一组用户授予不同级别的管理或访问数据库或数据库对象的权限，数据库角色分为内置数据库角色和自定义数据库角色。

在 SQL Server 2012 中的对象资源管理器中展开“数据库”→“安全性”→“角色”下的“数据库角色”，如图 6-23 所示。

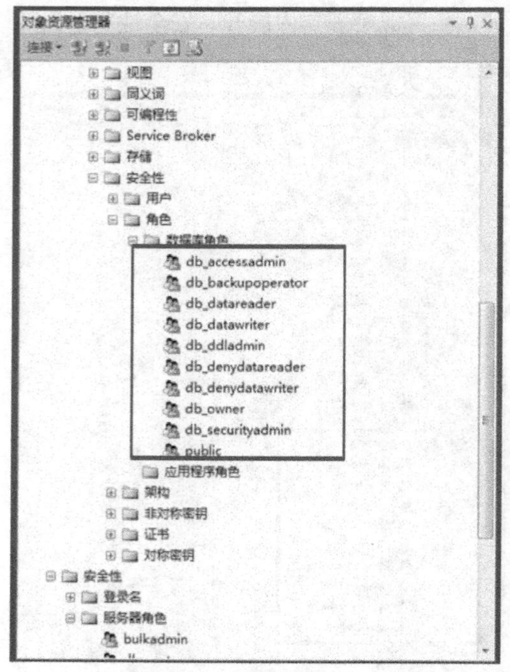

图 6-23 数据库角色

固定数据库角色及其能够执行的操作如表 6-2 所示。

表 6-2 固定数据库角色介绍

固定数据库角色	描 述
Db_accessadmin	可以添加或删除用户 ID
Db_backupoperator	可以发出 DBCC、CHECKPOINT 和 BACKUP 语句
Db_datareader	可以选择数据库内任何用户表中的所有数据
Db_datawriter	可以更改数据库内任何用户表中的所有数据
Db_ddladmin	可以发出所有 DDL 语句，但不能发出 GRANT、REVOKE 或 DENY 语句
Db_owner	在数据库中有全部权限
Db_denydatawriter	不能更改数据库内任何用户表中的任何数据
Db_denydatareader	不能选择数据库内任何用户表中的任何数据
Db_securityadmin	可以管理全部权限、对象所有权、角色和角色成员资格
Public	最基本的数据库角色，每个用户都属于该角色

SQL Server 2012 通过给数据库用户添加或删除其所属的数据库角色，来修改其用户权限。

（1）添加数据库角色，语句格式如下：

```
EXEC sp_addrolemember 'actorname','dbusername'
```

（2）删除数据库角色，语句格式如下：

```
EXEC sp_droprolemember 'actorname','dbusername'
```

【例 6-11】把已经创建好的 syh 用户添加到“天意购物”数据库的 db_accessadmin 角色中，然后删除该角色。

```
EXEC sp_addrolemeber 'db_accessadmin','syh'
EXEC sp_droprolemember 'db_accessadmin'
```

五、权限

权限分为 3 种状态：授予、拒绝、撤销，可以使用如下的语句来修改权限的状态。

1. 授予权限（GRANT）

授予权限以执行相关的操作。即允许某个用户或角色对一个对象执行某种操作或某种语句。

语法格式：

```
GRANT SELECT , INSERT , UPDATE , DELETE ON table1 TO [用户名]
```

【例 6-12】允许用户 syh 对“天意购物”数据库中的 customers 表有 select、update、delete 权限。

```
Grant select,update,delete on Customers to syh
```

2. 拒绝权限（DENY）

即拒绝某个用户或角色访问某个对象。即使该用户或角色被授予这种权限，或者由于继承而获得这种权限，仍然不允许执行相应的操作。

语法格式：

```
DENY SELECT , INSERT , UPDATE , DELETE ON table1 TO [用户名]
```

【例 6-13】允许用户 syh 对 “天意购物” 数据库中的 customers 表有 update、delete 权限。

```
Deny update,deleteon Customers to syh
```

3. 撤销权限（REVOKE）

停止以前授予或拒绝的权限，但不会显示阻止用户或角色执行操作。用户或角色仍然能继承其他角色的 GRANT 权限。

语法格式：

```
REVOKE SELECT , INSERT , UPDATE , DELETE ON table1 from [用户名]
```

【例 6-14】撤销用户 syh 对“天意购物”数据库中的 customers 表所拥有 select、update、delete 权限。

```
REVOKE SELECT,UPDATE,DELETE ON CUSTOMERS FROM syh
```

任务二 数据库的备份与还原

随着信息技术的快速发展，数据库作为信息系统的核心承担着重要角色。数据库的可靠性也日趋重要，如果发生意外或数据丢失其损失也将十分惨重。针对具体的业务要求制定详细的数据库备份和恢复策略是十分必要的。针对网上商城系统的数据库也不例外。本任务将介绍如何备份和恢复数据库。

任务描述

使用 SSMS 方式对“天意购物”数据库进行完整备份。

设计过程

1. 创建备份设备

步骤一：选择“开始”→“所有程序”→“Microsoft SQL Server 2012”→“SQL Server Management

Studio”命令，使用“Windows 身份验证”建立连接，进入 SQL Server Management Studio 窗口（简称 SSMS 窗口）。

步骤二：在“对象资源管理器”窗格中展开“服务器对象”结点。

步骤三：右击“备份设备”结点，在弹出的快捷菜单中选择“新建备份设备”命令，如图 6-24 所示。

图 6-24 创建备份设备命令

步骤四：在打开的“备份设备”窗口中输入设备名称，如图 6-25 所示，然后单击“确定”按钮，完成备份设备的创建。

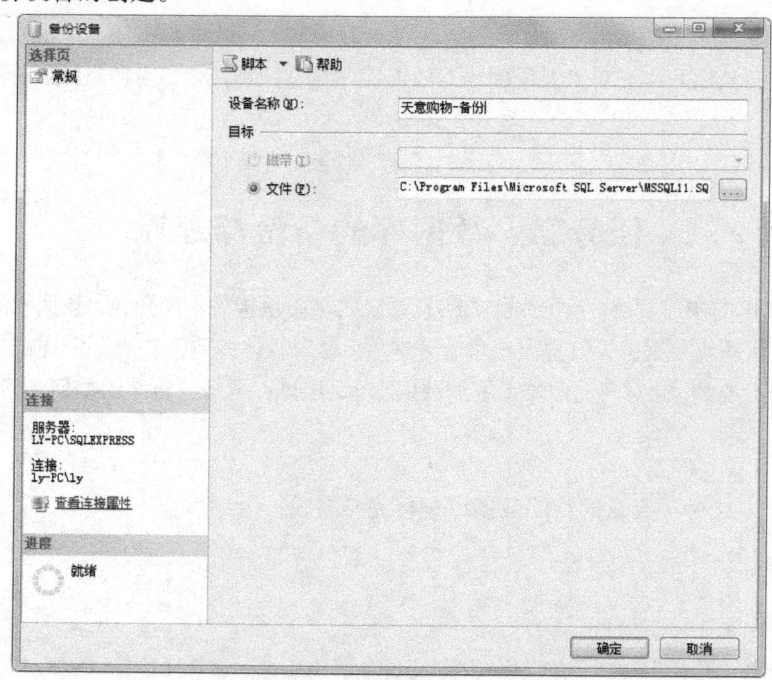

图 6-25 “备份设备”窗口

2. 数据库备份

步骤一：在 SSMS 窗口中选择所要备份的数据库“天意购物”，按鼠标右键，在弹出的快捷菜单中选择“任务”→“备份”命令，如图 6-26 所示。

步骤二：在“备份数据库-天意购物”窗口中设置备份类型、备份组件、备份目标，如图 6-27 所示。

步骤三：单击“确定”按钮完成数据库的备份。

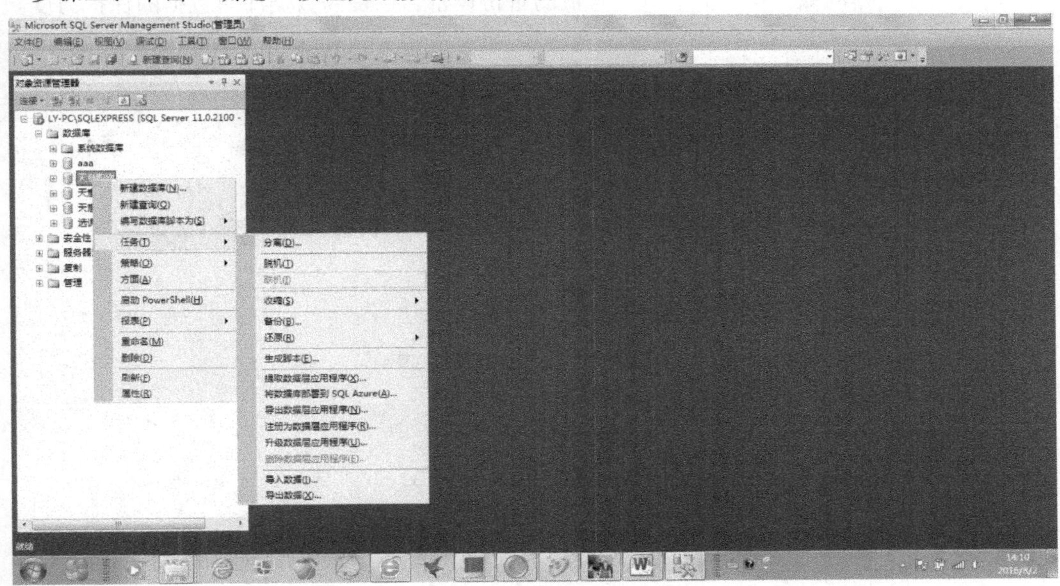

图 6-26 选择备份数据库命令

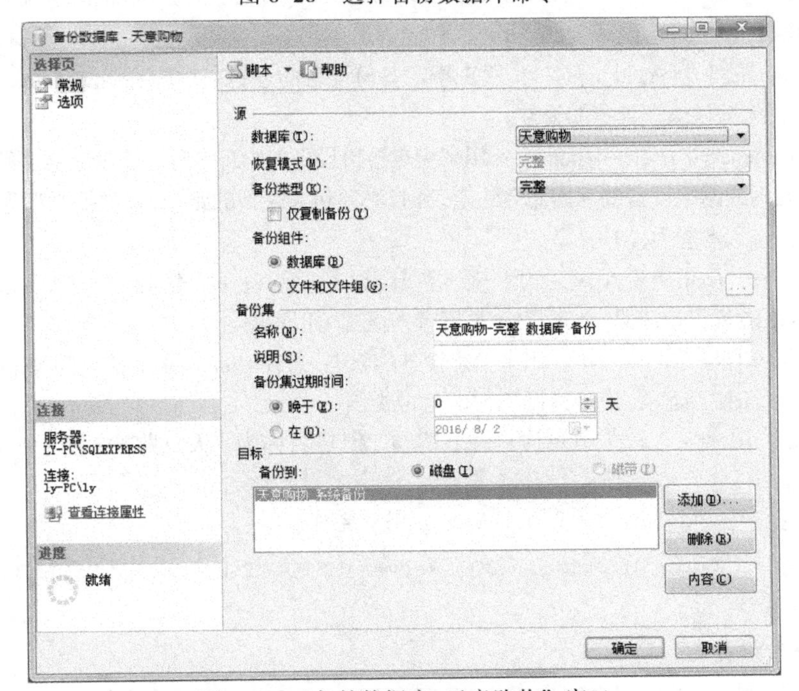

图 6-27 “备份数据库-天意购物”窗口

知识背景

一、设备备份

SQL Server 2012 数据库管理系统提供一套功能强大的数据备份和恢复的工具。数据库的备份和恢复可以保护数据库的重要数据。当数据库的数据发生意外时，可以及时恢复数据，避免造成更大的损失。在数据的保护中，需要选定合适的备份设备，以提高数据库对数据的保护力度。

1. 备份设备

备份设备是指为了防止设备系统运转中由于某台关键或易损设备的故障造成整个系统瘫痪，专门预备用于替换故障设备的设备。备份设备有时也简称为“备机”。

2. 备份设备的类型

常见的备份设备的类型分为 3 种：磁盘备份设备、磁带备份设备、逻辑备份设备。

3. 创建备份设备

使用系统提供的命令创建的具体语法如下：

```
EXEC sp_addumpdevice [@devtype=] ' device_type',
[@logicalname=]' logical_name' ,
[@physicalname=]' physical_name’
[,@cntrltype=]' controller_type' |[@devstatus=] ' device_status' ]
```

语句说明：

- sp_addumpdevice：系统定义的存储过程名称。
- [@devtype=] ' device_type' ：用来指定备份设备的类型。该类型为 varchar(20),无默认值，可以是 disk（硬盘）、 tape（磁带）或 pipe（ 命名管道）。
- [@logicalname=] ' logical_name' ：用来指定备份设备的逻辑名称。 logical_name 的数据类型为 sysname，无默认值，且不能为空。
- [@physicalname=]' physical_name' ：用来指定备份设备的物理名称。物理名称必须遵从操作系统文件名规则或网络设备的通用命名约定，并且必须包含完整的路径，该数据类型为 nvarchar(260),无默认值，且不能为 NULL。
- [@cntrltype=]' controller_type' ：用来指定备份设备的类型，若 controller_type 值为 2，表示是磁盘；若其值为 5，表示是磁带，该项可以省略。
- [@devstatus=]' device_status’ ：用来指定设备的状态。若 device_status 值为 noskip，表示读 ANSI 磁带头，若值为 skip，表示跳过 ANSI 磁带头。

【例 6-15】使用命令方式为数据库“天意购物”创建名称为“天意购物_系统备份”备份设备。使用的命令如下：

```
EXEC sp_addumpdevice 'disk' , '天意购物_系统备份' ,
'D: \Program Files\Microsoft SQL Server\MSSQL11.SQL2012\MSSQL\Backup\ 天意购
  物 系统备份.bak'
```

4. 查看备份设备

查看备份的信息可以使用系统定义的存储过程“sp_helpdevice”查看服务器上所有备份设备

的信息。具体的语法如下：

```
EXEC sp_helpdevice
```

【例 6-16】查看所有备份设备的信息。输入命令如下：

```
EXEC sp_ helpdevice
```

5. 管理备份设备

前面讲解了备份设备的创建方法，对于备份设备的管理，可以删除备份设备。删除备份设备的具体语法如下：

```
EXEC sp_dropdevice 备份设备名 [, 'delfile']
```

语句说明：

delfile 用来指定删除设备时同时删除它使用的操作文件。

【例 6-17】删除“天意购物系统备份”备份设备及其操作文件。

输入命令如下：

```
EXEC sp_dropdevice 天意购物_系统备份, delfile
```

提示：在执行创建备份设备、查看备份设备和删除备份设备等存储过程命令时，需要在系统数据库 master 下执行，或在命令前添加“USE master GO”。

二、数据库备份

1. 备份

备份就是将数据库的结构、对象和数据进行复制，在数据库的数据出现问题时，能够帮助恢复到某个时间点的操作。

2. 备份的类型

在 SQL Server 2012 中提供了 4 种备份数据库的方式：完整备份、差异备份、事务日志备份、文件和文件组备份。

（1）完整备份：备份整个数据库的所有内容，包括事务日志。该备份类型需要比较大的存储空间来存储备份文件，备份时间也比较长，在还原数据时，也只要还原一个备份文件。

（2）差异备份：差异备份是完整备份的补充，只备份上次完整备份后更改的数据。相对于完整备份分来说，差异备份的数据量比完整数据备份小，备份的速度也比完整备份要快。

因此，差异备份通常作为常用的备份方式。在还原数据时，要先还原前一次做的完整备份，然后还原最后一次所做的差异备份，这样才能让数据库中的数据恢复到与最后一次差异备份时的内容相同。

（3）事务日志备份：事务日志备份只备份事务日志里的内容。事务日志记录了上一次完整备份或事务日志备份后数据库的所有变动过程。事务日志记录的是某一段时间内的数据库变动情况，因此在进行事务日志备份之前，必须要进行完整备份。

（4）文件和文件组备份： 如果在创建数据库时，为数据库创建了多个数据库文件或文件组，可以使用该备份方式。使用文件和文件组备份方式可以只备份数据库中的某些文件，该备份方式在数据库文件非常庞大时十分有效，由于每次只备份一个或几个文件或文件组，可以分多次来备份数据库，避免大型数据库备份的时间过长。另外，由于文件和文件组备份只备份其中一个或多个数据文件，当数据库里的某个或某些文件损坏时，可能只还原损坏的文件或文件组备份。

3. 备份数据库

备份数据库可以执行不同类型的 SQL Server 数据库备份（完整备份、差异备份、事务日志备份以及文件和文件组备份）。

（1）完整备份数据库。完整备份数据库有两种方式：一种是使用图形界面方式；另一种是使用命令方式。使用图形界面方法见“设计过程”部分。使用命令方式完整备份数据库采用如下命令格式：

```
BACKUP DATADASE database_name
TO <backup_device>
[WITH
[[,]NAME=backup_set_name]
[[,]DESCRIPTION='' ]
[[,]{INIT|NOINIT}]
[[,]{COMPRESSION|NO_COMPRESSION}]
]
```

语句说明：

- database_name：用来指定数据库的名称。
- backup_device：用来指定备份的设备。
- WITH 子句：指定备份的选项，这里仅列出常用选项，更多选项可参考 SQL Server 的联机丛书，该选项可选。
- NAME=backup_set_name：用来指定备份的名称。
- INIT|NOINIT：用来指定新备份的数据的备份方式。INIT 表示新备份的数据覆盖当前备份设备上的每一项内容；NOINIT 表示新备份的数据添加到备份设备上已有的内容的后面。
- COMPRESSION|NO_COMPRESSION：用来指定备份数据是否启用压缩功能。COMPRESSION 表示启用压缩功能；NO_COMPRESSION 表示不启用压缩功能。

【例 6-18】使用完整备份方式备份数据库“天意购物”。采用完整备份方式备份数据库的命令如下：

```
BACKUP DATABASE 天意购物
TO 天意购物_系统备份 WITH  INIT, NAME='天意购物完整数据库备份',
DESCRIPTION='采用完整备份方式'
```

（2）差异备份数据库。差异备份数据库有两种方式：一种是使用图形界面方式；另一种是使用命令方式。使用图形界面创建在“设计过程”中详细介绍。使用命令方式差异备份数据库采用如下命令格式：

```
BACKUP  DATADASE  database_name
TO <backup_device>
WITH DIFFERENTIAL
[[,]NAME=backup_set_name]
[[,]DESCRIPTION='' ]
[[,]{INIT|NOINIT}]
[[, ]{COMPRESSION|NO_COMPRESSION}]
```

语句说明：

WITH DIFFERENTIAL：用来指定采用的是差异备份，其他参数与完整备份相同。

【例 6-19】使用差异备份方式备份数据库“天意购物”，存入“天意购物_系统备份”设备，差异备份的文件名为“天意购物_差异数据库备份”。采用差异备份方式备份数据库的命令如下：

```
BACKUP  DATABASE 天意购物
TO 天意购物_系统备份
WITH  DIFFERENTIAL,NOINIT, NAME=' 天意购物_差异数据库备份',
DESCRIPTION=' 采用差异备份方式'
```

提示：使用 BACKUP 语句进行差异备份时，要使用 NOINIT 选项，避免覆盖已有存在的完整备份。

（3）事务日志备份数据库。事务日志备份数据库有两种方式：一种是使用图形界面方式；另一种是使用命令方式。使用命令方式事务日志备份数据库采用如下命令格式：

```
BACKUP  LOG  DATADASE  database_name
TO <backup_device>
WITH
[[,]NAME=backup_set_name]
[[,]DESCRIPTION='' ]
[[,]{INIT|NOINIT}]
[[,]{COMPRESSION|NO_COMPRESSION}]
```

语句说明：

LOG：用来指定仅备份事务日志。该日志是从上一次成功执行的日志备份到当前日志的末尾。必须创建完整备份，才能创建第一个日志备份。

其他参数与完整备份相同。

【例 6-20】使用事务日志备份方式备份数据库 天意购物的事务日志文件，存入“天意购物_系统备份”设备，事务日志备份的文件名为“天意购物事务日志数据库备份”。采用事务日志备份方式备份数据库的命令如下：

```
BACKUP  DATABASE 天意购物
TO 天意购物_系统备份
WITH NOINIT,
NAME=' 天意购物事务日志数据库备份',
DESCRIPTION='采用事务日志备份方式'
```

提示：当 SQL Server 完成日志备份后，自动截断数据库事务日志中不活动的部分（指已经完成的事务日志），因此，可以截断。事务日志被截断后，释放出的空间可被重复使用，可以避免日志文件的无限增长。

（4）文件和文件组备份数据库。对于大型数据库，每次执行完备份需要消耗大量时间。SQL Server 2012 提供的文件和文件组的备份就是解决大型数据库的备份问题。创建文件和文件组备份之前，需要先创建文件组。在 天意购物数据库中添加一个数据库文件，并将该文件加入新的文件组中，具体操作步骤如下：

① 启动 SSMS 工具，采用 Windows 身份或 SQL Server 身份登录到服务器。

② 在“对象资源管理”中，展开“服务器” | “数据库”结点，右击“天意购物”数据库，从弹出的快捷菜单中选择“属性”命令，打开“数据库属性”窗口，如图 6-28 所示。

③ 在“数据库属性”窗口中，选择“选择页”下的“文件组”选项卡，如图 6-29 所示。

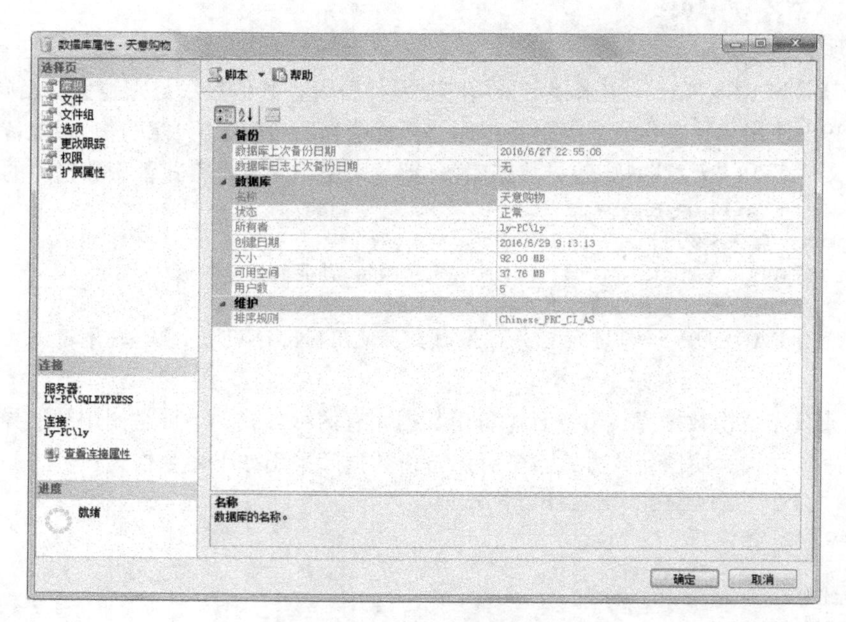

图 6-28 数据库属性窗口

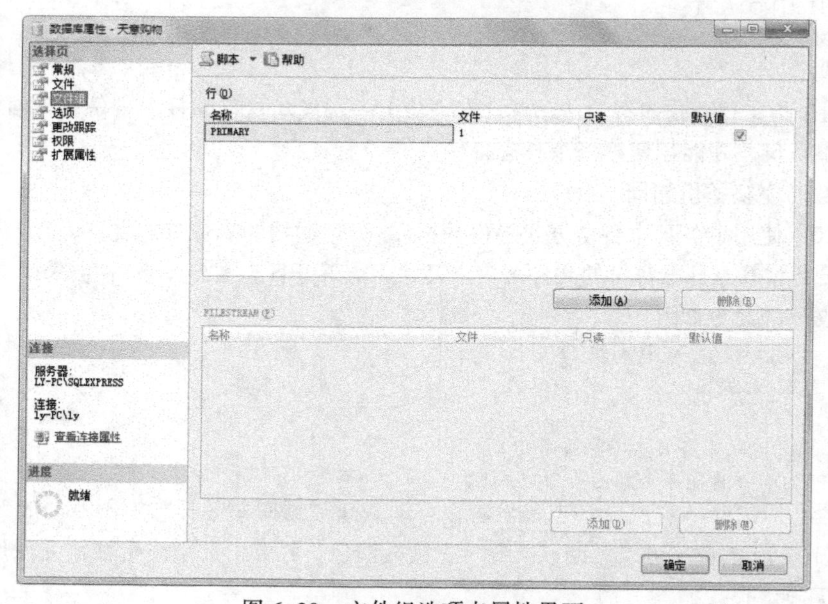

图 6-29 文件组选项卡属性界面

④ 单击“添加”按钮，在“名称”文本框中输入一个新的数据库文件天意购物_BACKUP。

⑤ 选择“文件”选项卡，如图 6-30 所示。

⑥ 单击“添加”按钮，依次设置“逻辑名称”为“天意购物_TEST”，“文件类型”为“行数据”，“文件组”为“天意购物_BACKUP”，“初始大小”为“5M”，“路径”为“默认”，“文件名”为“天意购物_TEST.mdf”，如图 6-31 所示。

⑦ 单击“确定”按钮，在 天意购物_BACKUP 文件组上创建了这个新文件。

⑧ 展开数据库“天意购物”列表，分别右击表 Carts、Orders、Products、Customers，从弹出

的快捷菜单中选择“设计”命令，打开表设计器，然后选择“视图”→“属性窗口”命令。

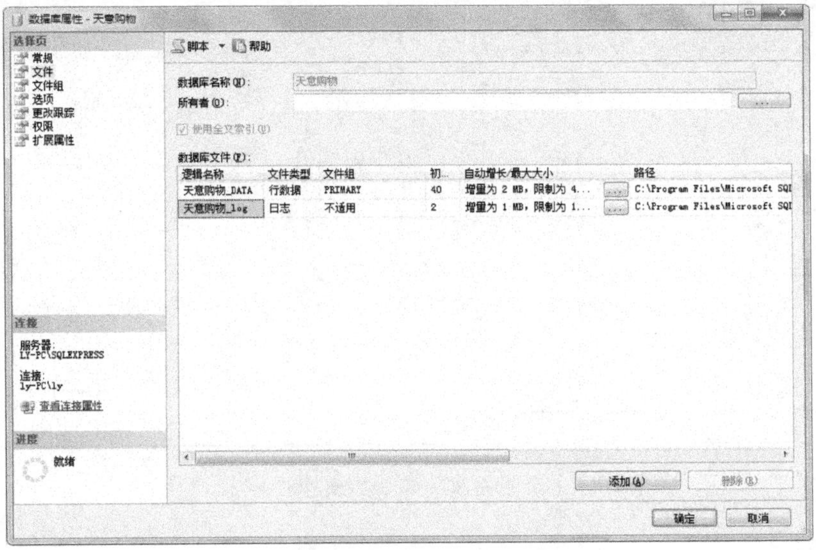

图 6-30 文件选项卡属性

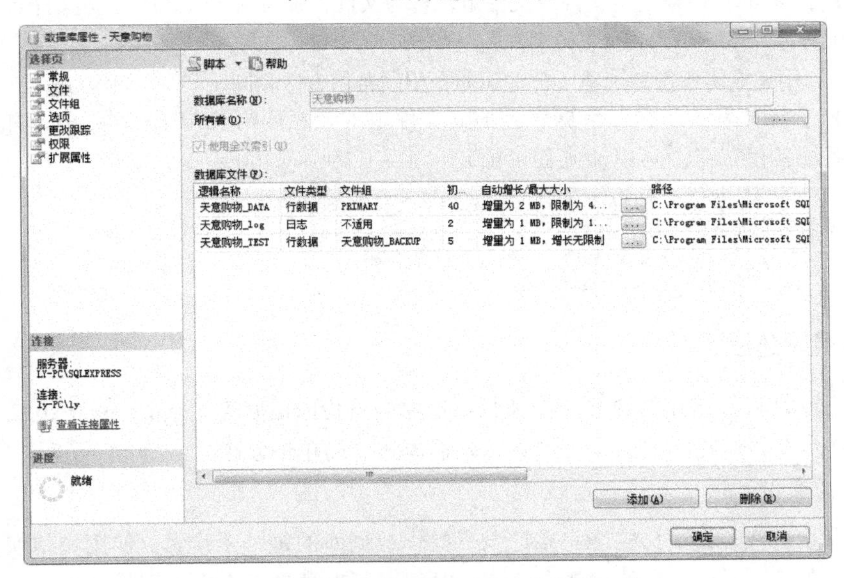

图 6-31 添加天意购物_TEST 数据库文件

⑨ 在“属性”窗口中，展开“常规数据库控件规范”结点，将“文件组或分区方案名称”设置为“天意购物_BACKUP”，如图 6-32 所示。

⑩ 单击“全部保存”按钮，即完成了文件组的创建。

文件组创建后，使用 BACKUP 语句对文件组进行备份，语句格式如下：

```
BACKUP DATABASE database_name
<file_or_filegroup>[, …n]
TO <backup_device>
WITH options
```

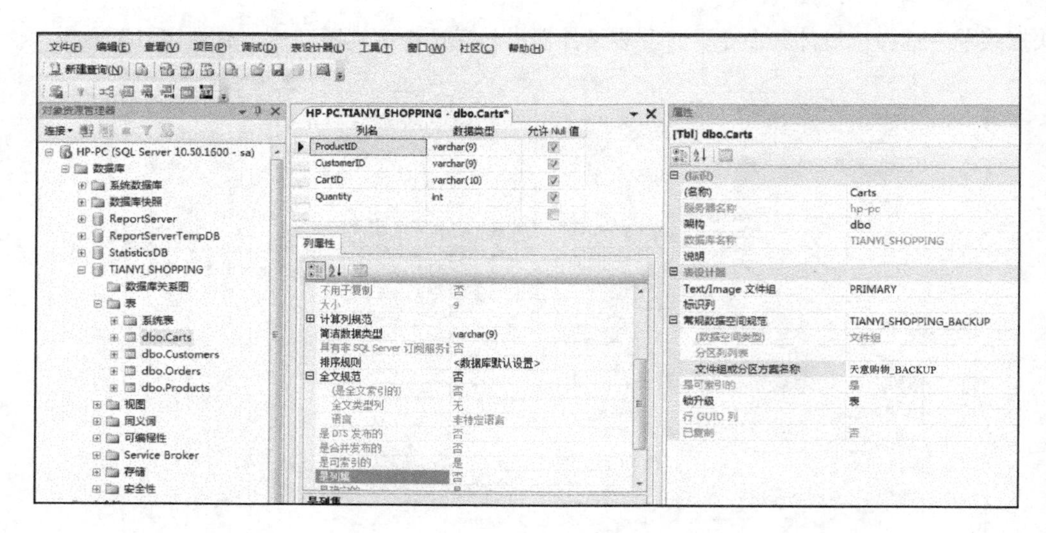

图 6-32　设置表属性

语句说明：

- file_or_filegroup：用来指定文件或文件组，若为文件，则写为“ FILE=逻辑文件名”，若为文件组，则写作“FILEGROUP=逻辑文件名”。
- options：用来指定备份的选项，与上面的介绍的备份方法相同。

【例 6-21】将“天意购物”数据库添加到文件组“天意购物_BACKUP” 中，并备份到设备“天意购物_系统备份”中。可以输入如下语句：

```
BACKUP   DATABASE 天意购物 FILEGROUP='天意购物_BACKUP'
TO 天意购物_系统备份
WITH NOINIT, NAME='天意购物-文件组数据库备份',
DESCRIPTION='采用文件组备份方式'
```

三、数据库还原

数据库还原是将数据库的数据结构和数据还原为备份时的状态。SQL Server 2012 数据库恢复模式分为 3 种：完整恢复模式、大容量日志恢复模式、简单恢复模式。

1. 完整恢复模式

该模式为默认恢复模式，它会完整记录下操作数据库的每一个步骤。使用完整恢复模式可以将整个数据库恢复到一个特定的时间点，这个时间点可以是最近一次可用的备份、一个特定的日期和时间或标记的事务。

完整恢复模式在故障恢复中具有最高优先级。这种恢复模式使用数据库备份和事务日志备份，能够较为安全的防范媒体故障。因完整恢复模式中的事务日志记录了全部事务，所以可以还原到某个时间点。

2. 大容量日志恢复模式

大容量日志恢复模式是对完整恢复模式的补充。简单地说就是要对大容量操作进行最小日志记录，节省日志文件的空间（如导入数据、批量更新、SELECT INTO 等操作时）。 例如：一次性向数据库中插入数十万条记录时，在完整恢复模式下每一个插入记录的动作都会记录在日志中，使日志文件变得非常大，而在大容量日志恢复模式下，只记录必要的操作，不记录所有日志。这样可以大大提高数据库的性能。

但是该种模式也存在缺点： 由于日志不完整，一旦出现问题，数据将可能无法恢复，也不能恢复数据库到某个特定时间点。 因此，一般只有在需要进行大量数据操作时才将恢复模式改为大容量日志恢复模式，数据处理完毕之后，立刻修改恢复模式为完整恢复模式。

3. 简单恢复模式

在该模式下，数据库会自动把不活动的日志删除，因此简化了备份的还原，但因为没有事务日志备份，所以不能恢复到失败的时间点。通常，此模式只用于对数据库数据安全要求不太高的数据库。并且在该模式下，数据库只能做完整和差异备份。

当数据库的恢复模式进行修改后，数据库必须重新备份，选择不同的数据库恢复模式对应的数据库备份方式也不同。一般情况下，默认是完全恢复模式。

4. 恢复数据库时有两种方法

（1）采用图形界面方式。下面主要介绍图形界面方式恢复数据库，具体步骤如下：

步骤一：启动 SQL Server 2012 中的 SQL Server Management Studio 工具，使用 Windows 或 SQL Server 身份登录，建立连接。

步骤二：在对象资源管理器中，展开“服务器”→“数据库”，右击“天意购物”，在弹出的快捷菜单中选择“任务”→“还原”→“数据库”命令，如图 6–33 所示。

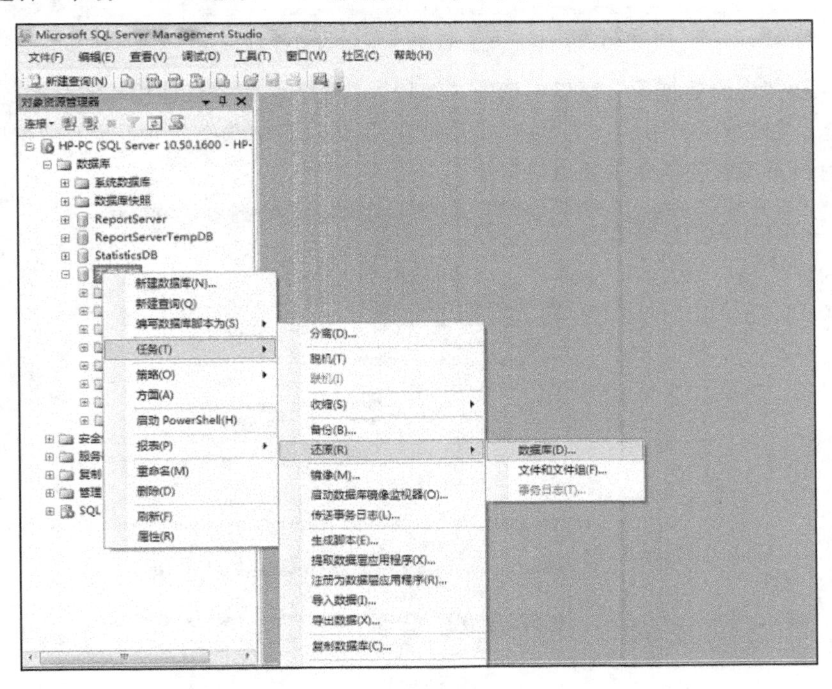

图 6–33 还原数据库菜单窗口

步骤三：打开“还原数据库”窗口，如图 6–34 所示。

步骤四：在“还原数据库”窗口的“选择页”中选择“常规”选项卡，“目标时间点”可以设置恢复数据库的时间点。对于网上商城数据库天意购物，首先需要进行完整备份的恢复和差异备份的恢复，因此，此项先不设置。在“选择用于还原的备份集”部分的列表中，选择类型为“完整”和“差异”的复选框。

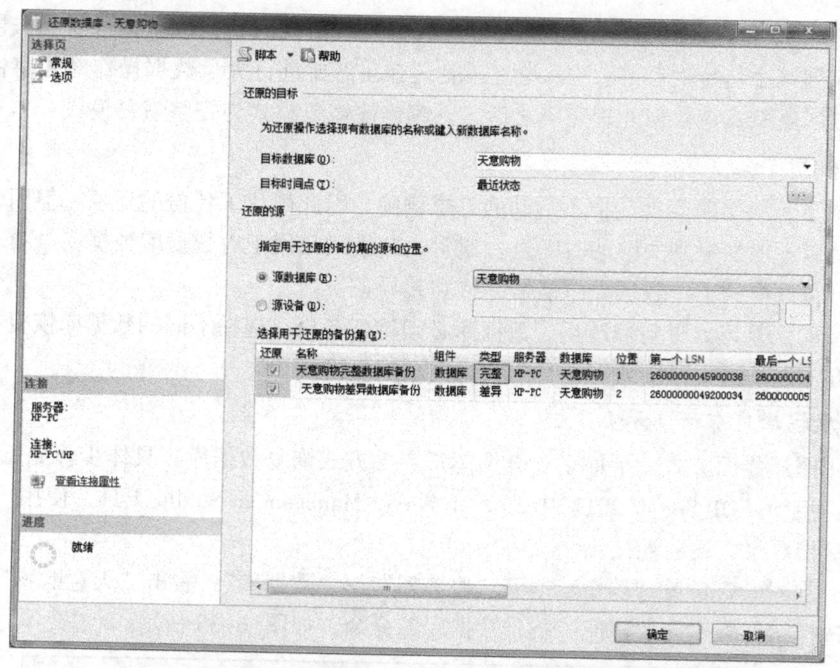

图 6-34 “常规”选项卡下备份数据库界面

步骤五：在“还原数据库”窗口中选择“选项”选项卡，设置还原操作时采用的形式以及恢复完后的状态，如图 6-35 所示。这里在“还原选项”选项组中选中“覆盖现有数据库”复选框，以便在恢复时覆盖现有数据库及其相关文件。

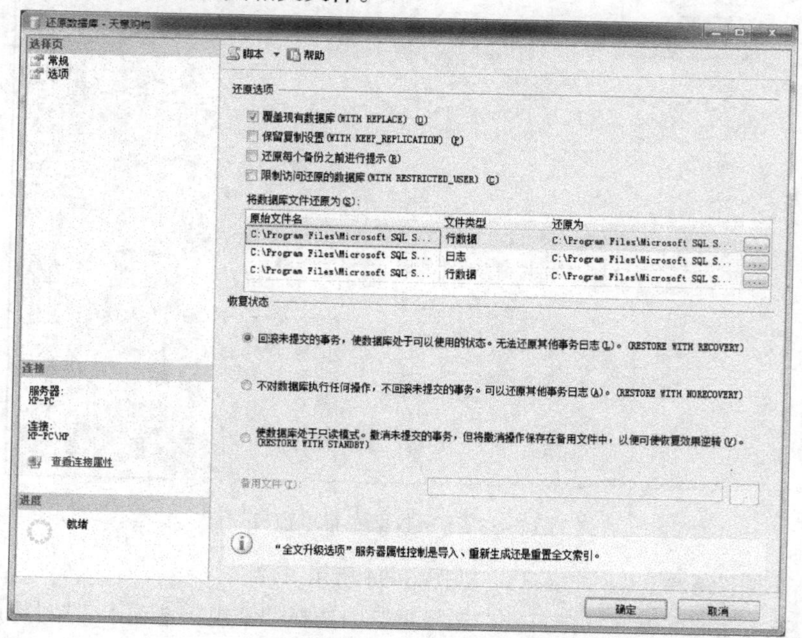

图 6-35 “选项”选项卡

步骤六：单击“确定”按钮，系统提示还原成功的提示信息，如图 6-36 所示。单击“确定”按钮后即可完成数据库的还原操作。

图 6-36 提示信息

（2）采用命令的方式。使用 T-SQL 语句恢复数据库

语法形式如下：

```
RESTORE  DATABASE  数据库名
FROM   备份设备
```

【例 6-22】还原已经备份的天意购物数据库。

```
RESTORE  DATABASE  天意购物
FROM  天意购物_系统备份
```

综 合 实 训

一、数据库安全性操作

1. 新建“学生管理系统”数据库用户 stu。
2. 新建“学生管理系统”数据库角色 stu_role。

二、数据库的备份和还原

1. 对“学生管理系统”数据库采用完整备份的方式进行备份。
2. 对“学生管理系统”数据库采用差异备份的方式进行备份。
3. 对“学生管理系统”数据库进行还原。